全球气候
Global Climate
Security Governance
安全治理

演进、困境与中国方案

Evolution,

Challenges,

and

Chinese Solutions

王菲　著

社会科学文献出版社

SOCIAL SCIENCES ACADEMIC PRESS (CHINA)

目　录

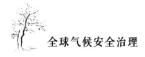

第一章 气候安全问题的基础理论

一 气候变化科学理论

在气候变化的形成原因方面，以前科学界一直存在究竟主要是自然因素还是人类活动导致气候变化的争论。1961 年，联合国世界气象组织与教科文组织共同举办了题为"气候的变化"的学术会议。在这次会议中，来自 36 个国家的 115 位科学家共发表了 45 篇论文，其中以"气候变化的理论"为主题的论文仅有 9 篇，且只有加拿大与德国的学者谈到二氧化碳等温室气体对气候的影响。很多学者明确指出，二氧化碳的作用被大大高估，二氧化碳从理论上无法解释气候在过去的种种变化，不能作为气候变化的唯一因素（孙萌萌、江晓原，2018）。同时，从此次会议可以看出，大部分学者仅对气候变化这个现象进行了描述，而对造成气候变化的原因很少提及，即便是提及，也会将自然原因当作最终的原因。到了 20 世纪 80 年代，很多科学家仍然质疑全球气候变暖机制和温室效应。很多科学家认为，自然界处于不断变化之中，轻微的波动对地球来说是正常的，不需要太过惊讶（Chao and Feng，2018）。直到20世纪90年代初，世界著名气象学家罗德海（Richard S. Lindzen）教授还从实证角度质疑全球气候变暖，从理论角度对"温室效应"的提法予以反驳，认为温室效应机制存在很大的不确定性。①

随着气候变化科学研究进展的不断深入，全球气候变化问题的科学确定性越来越强，气候变化对全球生态环境和人类社会的危害性越来越明确。1990年，政府间气候变化专门委员会发布了第一份评估报告。当时，科学界对气候变化问题保持怀疑和不确定的态度。该报告对此做了详细的阐述，指出科学界对气候变化不确定性的认识并不完善，我们既要提高对气候变化的预测能力，又要做出一些不同的改进（如进一步调查过去的气候），还要促进与气候

①　他认为，我们虽然正在面临二氧化碳含量的显著变化，但是这个问题本身不值得小题大做，因为二氧化碳虽然是大气的组成成分，但其所占比例很低，大约为0.03%，因此即使其发生显著变化，也不是那么重要。我们可以设想，如果有一种气体在大气中不经常存在，那么即使只往大气中释放一两个分子，也会导致其在大气中所占比例急剧变化，但是这并不值得担忧。确定地球表面平均温度是一个十分艰巨的工作，因为人所共知的是，气温可以在很短距离发生显著变化，城市温度常常比乡村温度高，水面温度与相邻陆地表面温度相比又有区别，一天之中温度变化很大，隔日甚至不同季节的温度变化更大。自然因素导致的气候变化需要考虑，因为即使没有人为因素，自然因素导致的气候变化也在年复一年地发生着，而我们现在的地球表面温度测试网络是否能够把上述因素的干扰排除在外还不清楚。参见Lindzen（1990）。

变化相关的国际交流（Houghton et al.，1990）。在 2007 年之前，政府间气候变化专门委员会又陆续发布了三份报告。2014 年，政府间气候变化专门委员会发布了第五份评估报告。第五份评估报告指出，人类对整个气候系统的影响不断增大，若继续任其发展，气候变化将对人类和整个自然生态系统都造成难以想象的负面影响。气候变化不仅会导致极端的气候事件，还会对水资源、国家安全、粮食生产和人类健康造成直接的负面影响。因此，气候安全是人类社会最终实现可持续发展的重要前提。[①] 这份评估报告从科学的角度，再次警示了全球气候变暖的趋势及其可能带来的诸多风险。这些风险不仅是气候本身的，还包括与气候变化相关的农业生产、生态系统、海岸带、人类健康乃至传统安全（如战争）等领域的风险。气候变化还可能使许多地区的现有健康问题恶化，尤其是在低收入发展中国家。

---

① 该报告以第四份评估报告为基础，结合其后发布的《管理极端事件和灾害风险推进气候变化适应特别报告》，发表了在大量科学和技术文献中的研究新发现。IPCC 第五份评估报告指出，随着温室气体浓度的增加，水资源面临的可能影响和风险将显著增加。干旱亚热带大部分区域的可再生地表和地下水资源在 21 世纪将显著减少，部门间的水资源竞争将恶化；由于气候变暖，陆地和淡水物种都面临更高的灭绝风险，有些生态系统将面临突变和不可逆的变化，如寒带北极苔原和亚马孙森林；气候变化还可能危及粮食生产并带来粮食安全问题。在全球气候变化背景下，局地温度可能比 20 世纪后期升高 2℃或更高。除个别地区可能会受益，气候变化将对热带和温带地区的主要作物（小麦、水稻和玉米）产量产生不利影响。海岸系统和低洼地区在气候变暖的情况下，也将面临更大威胁。由于人口增长、经济发展和城镇化，未来几十年海洋沿岸生态系统的压力将显著增加，未来聚居在东亚、东南亚和南亚的数亿人口可能会受到影响。

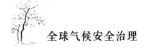

对于大多数经济部门来说，气候变化可能会导致重大气候极端事件发生的频率增加，这可能会挑战整个社会经济系统的应对能力。此外，气候变化也可能会引发一些传统的安全问题，比如达尔富尔的军事冲突，被认为是气候变化造成的，导致食物和水的短缺，种族之间为争夺生活资源而进行武装竞争（IPCC，2007）。

尽管气候变化对不同地区和人群的影响各不相同，但随着核战争的风险加剧，气候变化已经成为威胁全人类安全的重要问题。当然，气候变化的影响远不止于此。很多人曾指出，20世纪中叶之前，人类不应该过分担心气候问题；但20世纪中叶之后，人类已经发展出毁灭自己的能力，这种能力首先是以核武器的形式出现，然后又呈现不同的形式，其中就包括气候变化（布赞、崔顺姬，2021）。目前，气候变化问题日益严重，对人类的安全造成了严重的威胁，人类也开始感受到气候变化带来的冲击与影响，而应对这些问题都可以指向同一个目标，即加强全球气候安全治理。

二　安全化理论

安全事关人类生存与发展的方方面面，人类对安全的认识根源于对生活的体验。在安全治理研究中，哥本哈根学派基于建构主义视角提出的安全化理论，具有较强的解释力。20世纪90年代初，哥本哈根学派的代表人物巴里·

布赞（Barry Buzan）和奥利·维夫（Ole Waver）等学者提出，安全是基于对威胁的认知与判定而产生的一种"政治选择"与"社会建构"，而威胁是一种体现"主体间性"的社会认同建构。① 在此基础上，哥本哈根学派将"安全""主体间建构""生存性威胁"直接关联，强调任何进入安全议程的安全问题都是一种"特殊的主体间的行为"（Buzan et al., 1997：6）。这样安全就不仅是行为体在获得价值时的"客观上无威胁，主观上无恐惧"（Wolfers, 1952），还表现为更具社会互动意义的、体现关系性质的"主体间无冲突"②。

安全化概念的提出者奥利·维夫认为，安全问题的产生不是先在"既定的"，而是在很大程度上于建构中被"认定的"，这种被认定的过程即"安全化"的过程（Waver, 2011）。安全化理论的主要完成者巴里·布赞有更深入的阐述，他认为安全化的本质是把公共问题通过"政治化"途径上升为国家的安全问题，"一个问题作为最高优先权被提出来，这样一来将它贴上安全标签，一个施动者就可以要求一种权利，以便通过非常措施应对威胁"（布赞等，2003：43）。如果说把公共问题提升为安全问题是"安

---

① 哈贝马斯最早用"主体间性"一词，表明主体之间的良性互动，以及"商谈"对社会交往合法性和社会制度公正性的体现与建构。巴里·布赞则把"主体间性"引入安全分析，考察安全的政治选择性与社会建构性，强调"安全最终保持着既不是主体又不是客体，而是存在于主体中间这样一种特质"。参见布赞等（2003：43）。

② "主体间无冲突"是笔者基于"安全是行为体间的优态共存"这一定义，对哥本哈根学派做的概括。参见余潇枫（2005）。

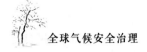

全化"过程，那么把安全问题下降为一般的公共问题则是"去安全化"（desecuritization）过程。奥利·维夫认为，只有"去安全化"地完成，才是成功"安全化"的终点（Waver，2000：25-45）。安全化理论的主要贡献，有以下三个方面。

首先是通过凸显安全的"主体间性"，增加了安全研究的新维度。长期以来，安全通常被理解为"客观上不存在威胁，主观上不存在恐惧"的状态（Wolfers，1952）。而"安全化"理论超越了对安全的"主—客"两分，通过对安全"社会认同"要素的研究，在安全分析中引入"主体间性"视角，使安全议题形成的"选择性"与"建构性"特征凸显。

其次是通过凸显安全的"社会建构性"，确立了"认同安全"的新视域。诸多原属于"低政治"领域的非传统安全问题，被纳入既有的安全框架。经由安全化路径，国家安全、社会安全、人的安全与全球安全等安全议题被整合进同一个思考框架。

最后是通过凸显安全的"话语分析"，开创了"话语安全"的新语境。哥本哈根学派借用语言学建构主义理论分析工具，提出在"安全化"过程中，安全威胁的"被判断"和安全议题的"被提出"是一种典型的"言语—行为"过程，"一旦使用'安全'一词，就意味着国家给某事物贴上一个'标签'，主张行使特殊权力、动用资源来抵御和消除威胁"（崔顺姬，2008）。"国家（或者国家的代表机构）可以通过指引和动员认同来实现其外交政策的合法化。"（Buzan and Hansen，2012：199-202）

"安全化"理论一经提出，就得到国际安全研究学者的广泛重视。而且，随着全球化的深入，"安全化"理论不断与各地的实践相结合而得到不断的充实和发展。在西方，安全化理论发展在总体上形成了两大路径：一是以语言（如"言语—行为"）为核心变量的，称为"哲学安全化"的哲学化路径；二是以非语言（如"因果—习惯"）为核心变量的，称为"社会学安全化"的社会学化路径（Balzacq，2011：18-28）。在亚洲，安全化理论的发展更多地体现在实证路径中。与欧洲政治领域和安全领域相对区分的语境不同，在政治与安全话语同时被国家权力决定的背景下，亚洲安全化受众往往成为弱参与的"相关受众"或"无助受众"。"言语—行为"往往容易演变为"符号—行为"，因而亚洲学者通过实证路径，对安全化理论的实践运用和困境超越做出重要拓展（卡拉贝若-安东尼等，2010）。

三 人（类）的安全理论

在诸多非传统安全的研究路径中，人的安全是最为"非传统"的路径之一，因为它是直接针对"国家中心"的安全观提出的。冷战的结束虽然给世界和平和人类安全带来新的希望，但是世界范围内的内战和区域冲突依旧频繁，国际犯罪、传染病、生态破坏等过往不在"国家安全"

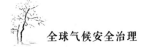

考虑范围内的现实议题呈蔓延趋势，并日益呈现其重要性与紧迫性。这一背景促成了一个新共识，即人类的生存和安全要有保障，仅有的"国家安全"是不够的。因此，"人的安全"这一概念作为"国家安全"的重要补充，被提上政治发展的议程，进入学术研究的视域。

对"人的安全"这一概念的系统阐述，源于联合国开发计划署发布的《1994年人类发展报告》。该报告提到，"人的安全"主要包括两大内涵：一是免于经受长期的疾病、饥饿和压迫等的煎熬；二是免于日常生活模式遭受突然和有害的破坏——无论是在家中、工作中，还是在社群中。概言之，所谓的"人的安全"，包括使人获得"免于恐惧的自由"和"免于匮乏的自由"。该概念同时强调对人的尊严的保护，因此也有学者提出"人的安全"还应包括"免于耻辱的自由"（United States Development Programme，1994：23）。总而言之，在学界和联合国的共同推动下，"人的安全"包含的理念和核心越来越受到广大社会的关注与接受。"人的安全"概念和内容具备三个基本特征：首先，重点将人（包括作为个体的个人、作为集体的群体和作为整体的人类）作为安全的指涉对象；其次，涉及安全领域的多维性，即安全领域广泛涵盖经济、社会、文化、环境等方面；最后，安全属性的全球普遍适用性，即对发达国家和发展中国家的适用（余潇枫，2020a：227-228）。这一概念后来被一些国家采用。最先是挪威、加拿大和日本，这些国家根据各自不同的理解，从某种程度上采纳联合国的定义并提出自身的相关内容，根据自身的理解设置安全议程，强调人权、发展、人道主义干预，并给予"人的安全"以优先地位（余潇枫，2020a：232）。

理查德·厄尔曼（Richard Ullman）比较关注美国的国家安全，他提倡应该将"个人"作为安全的明确指涉对象。国家安全的目的不只是保护诸如国家和民族之类的抽象实体，也应该去保护国家的"人民"。此外，他还非常关注外国的镇压行动以及一系列的不安全行为，认为这都会对美国的国家安全产生不良的影响。因此，"人的安全"问题应该引起美国的关注与重视（Ullman，1983）。杰西卡·图赫曼·马修斯（Jessica Tuchman Mathews）认为，必须将国家安全的定义进行扩展，将能源、环境、人口等问题都纳入国家安全的范畴，这是当代全球发展的必经阶段（Mathews，1989）。以肯·布斯（Ken Booth）为代表的学者对批判安全研究更为激进，他们将人作为最终的安全指涉对象，将创建"人类共同体"作为最终的安全实现路径（Booth，2007：142-144）。罗兰·帕里斯（Roland Paris）认为，不能仅仅把"人的安全"概念进行狭窄处理以使其成为一个容易分析的概念，还必须提供把某种价值置于有限地位的充分理由（Paris，2004）。她还对那种笼统的"人的安全"列举进行分析，指出如果将这些问题都归纳到人的安全范畴内，那么几乎没有什么问题是与安全无关的。总体观之，人的安全研究致力于修正传统的国家安全观，并不是纯粹地对国家安全观进行取代。

四　天下主义理论

"天下观"的现代转型，是中国学者很重要的贡献，也是参与打造"人类命运共同体"的重要理论支撑。近些年，关于中国古代天下主义思想的研究越来越受到学术界的重视。"天下"观念是中国古代的重要思想，很多学者在民国时期就对"天下"思想进行了相应的论述。梁启超（2012）以中国古代哲学思想的根源为基础，在《先秦政治思想史》一书中对"天下"思想的起源和表现进行了系统论述，并对儒、墨、道、法各家的思想进行了详细阐释。钱穆（2003，2010）对中国文化史进行了系统的论述，尤其是对"天下观"提出独特的见解，并将其与西方的国家观进行了对比。此外，冯友兰（2011）、梁漱溟（2005）等人也对中国古代思想进行了详细的阐述，同时对"天下"思想进行了研究。

同样，当今学术界对"天下"观念，也有一定的研究。2016年，赵汀阳的《惠此中国：作为一个神性概念的中国》和《天下的当代性：世界秩序的实践与想象》，使有关"天下主义"的研究更加完整、更加独到。赵汀阳（2016a：60-62）认为，当今的世界是一个"非世界"，是三位一体结构的世界概念。在西方政治哲学的指导下，无法形成一个有效的世界体系，尤其是"美国体系"几乎不可能转化为一个天下体系（赵汀阳，2018）。赵汀阳（2016a）主张，要建立一个有序的世界体系，就应从中国古代的"天下观"中寻找答案。由此出发，他深入论述了中国的世界体系，指出尽管"天下"概念出自中国，但它应该属于整个世界。还有很多学者在"天下"思想方面做了较为深入的研究。冯时（2006）论述了先秦时期"天下观"的源起和含义，阐述了天下观对当时历史发展的影响。姚大力（2018）提出"新天下主义：拯救中国还是拯救世界"的命题，认为这最终取决于"天下主义"是着眼中国还是聚焦世界，前者强调中国成为世界秩序的引导者，后者强调帝国主义下的世界无政府状态最终被超越。陈赟（2007）将"天下"思想视为中国最重要的政治思想，对"天下"思想包含的政治与伦理内涵进行了重点阐释，还介绍了其对中国古代政治、礼乐制度的影响。何新华（2006）认为，"天下观"是中国古代思想界运用空间概念构建的一套世界秩序观，具有鲜明的人文和政治意义，既体现了"天下一家"的高层次精神，又表现出尊卑严格的等级特征。此外，陈玉屏（2005）从中国古代"天下观"与"国家观"的对比研究中，明确了它们相互间的联系、影响和区别。许继霖（2012）和朱其永（2010）主要对"天下主义"观念在近代的困境进行了深度的分析，并对此提出相应的完善建议。

相较于国内学者，国外学术界对"天下主义"的研究成果数量比较有限，但在中国古代"天下"思想、中国朝贡体系等方面有相当系统的研究。

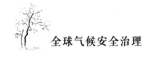

五 和合主义治理理论

"和合"的思想源自《易经》，它是中国历史上第一本非常深刻地反映安全哲学理念的图书。《易经》的安全哲学可概括为"保合太和"四字，安全原则是"预防在先""危者使平，易者使倾"。"保合太和"生发出"和而不同""天下大同"的人道理想。"和而不同"与"天下大同"都是中国传统社会构筑的"共享安全"最基本的结构性元素。

"和合"在尊重多样性和差异性存在的前提下，让各个主体、元素在一个整体的结构中保持平衡。中国学者对"和合"这一概念，有不同的解释和理解（余潇枫、章雅荻，2019）。20世纪末叶，张立文（2006）在"古今之变""中西之争""象理之辩"三个维度上，建构了"和合学"。和合主义的历史渊源，来自中国古代哲学。中国哲学重和而不重争，重合而不重分（张祥浩，2001）。和合并不是无原则的聚合，而是异中求同、同中存异。《礼记·中庸》指出，"和也者，天下之达道也"。和合是指各独立主体共生，各自展示所长，按照自己的本性和规则发展（金应忠，2019）。在不同的元素中，唯有和合，才能变易、转换为新生命、新事物。和合体现出中国传统文化的包容性与宽容性，如求同存异、多元和合、互济双赢；也体现出中国传统文化与生俱来的协作性与平衡性，如协同合作、以和谋利、相异相补、协调统一等。

易佑斌（1999，2018）在国际关系中第一次提到"和合"概念，和合主义的理论核心指的是"和合性"，国际社会是在对立统一中达到平衡的"和合体"。余潇枫对和合主义理论的建构，也有很多的思考与想法。"和"指和谐、和平、祥和，"合"指结合、融合、合作。在此过程中，吸取各事物的长处而克其短，使之达到最佳组合，由此促进新事物的产生，推进事物的发展（余潇枫、章雅荻，2019）。冷战结束以后，人类步入以"竞合"为主要特征的新发展阶段。与西方本体论传统中的"理性"、认识论传统中的"实体主义"有着根本不同的是，和合主义的本体论前提是"关系性"，认识论框架是"整体关系主义"，方法论特征是"中庸"，意义论指向是"共享"（余潇枫，2018a）。

和合主义作为全球安全治理的基本理论与整体性范式，超越了西方现实主义、自由主义与建构主义等理论，为中国智慧与中国方略走向世界提供了重要的理论支撑。首先，和合主义超越现实主义的理由有：一是假定人性"非恶向善"，正因为向善，所以行为体之间有互信、合作的可能性；二是假定世界不是"无政府"和"丛林法则"，而是"天下有序"或"无政府而有秩序"，所以世界可以通过有礼与互惠，实现和合的理想状态；三是强调"和而不同"，因而更适合不同文明之间、不同制度之间、不同价值选择之间的"异质性"冲突；四是强调"整体关系本体论"，超越国家本位或二元对立模式，追求世界的普遍联系、相辅相成；五是强调共识建构与理想引领，而不是像现实主

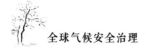

义那样，仅仅关注国家在短期内的绝对获益与相对获益。

其次，和合主义超越自由主义的理由有：一是和合主义在考虑世界政治时，先考虑整个世界，即以"天下"或"人类"为基本分析单位，不像自由主义虽然重视国际组织、非政府组织、国际法等的作用，但一有利益冲突便以现代民族国家为本位；二是和合主义认为世界是共在、共生、共联、共享的网络体，共同利益的最大化与个体利益的最大化相互兼容，而自由主义虽重视合作与互惠互利，但始终以其理性算计与博弈论立场关注自身利益的最大化；三是和合主义提倡"孔子最优"或"孔子改进"，即在让他人变得更好的前提下发展自己，而自由主义多强调"帕累托最优"或"帕累托改进"，即在不使他人变得更坏的前提下发展自己。

最后，和合主义超越建构主义的理由有：一是和合主义强调国家文化中的"第四文化"，即"亲族关系文化"（如兄弟姐妹等家庭关系），以体现东方社会的"大家族主义"和中国社会的"天下主义"，而建构主义只强调霍布斯文化的"敌人"、洛克文化的"对手"和康德文化的"朋友"，因而"四海之内皆兄弟"的文化传统更强调和谐与和合；二是和合主义"以天下为一家"的普遍包容性远胜于建构主义的叙事，和合主义更强调人类命运共同体建设。

六　绿色治理理论

绿色治理是从绿色运动、绿色政治和绿色政府发展而来的。可以理解为绿色治理，也可以理解为治理的绿色化，它的内涵和实践早已超越环境维度，延伸到所有的公共治理领域（史云贵、刘晓燕，2019）。绿色治理是一种新的治理范式，它以生态环境问题为中心，但在具体治理理念和治理方式上与环境治理有所不同。绿色治理的主体包括环境相关学科，形成绿色复合主体；对象是与生态相关的经济社会问题；方式强调合作与协调。它从经济利益与生态利益协同、地方利益与整体利益协调、当前利益与长远利益统一等维度，探索解决生态环境问题（冉连，2020）。

绿色治理代表和平与希望、合作与畅通、尊重与责任。从相关领域的角度，对绿色治理有两种理解：一是狭义的绿色治理，只涉及生态环境领域；二是广义的绿色治理，不仅涉及生态环境领域，还涵盖绿色可持续、社会政策等多个领域（杨达、康宁，2020）。广义的绿色治理，也有两种理解：一种是把广泛的生态领域理念贯穿至经济领域，包括经济领域的各个方面和全面过程，以此加快经济发展模式的最终转变（翟坤周，2016）；另一种是以生态问题为中心，拓展至所有的公共治理领域，如经济、环境、文化、政治等领域（杨立华、刘宏福，2014）。绿色治理亦包含在生态问题的全球治理讨论中，人们达成的基本共识有以下三点（王江丽，2009）。

一是有必要树立新的生态价值观，将其作为全球治理的理念和原则。这些价值观应该是超越民族、宗教、思想和经济发展水平的。正如全球治理委员会在 1995 年发布的

《我们的全球之家》中所言："要提高全球治理质量，最需要的是能够指导我们在全球之家行动的全球公民道德以及具有这种道德的领导。我们呼吁共同恪守全人类公认的核心价值观，包括尊重生命、自由、正义与公平、相互尊重、爱与诚信。"（Commission on Global Governance，1995：3）

二是这种治理一定是多种行为体参与的多层次全球合作治理。多层次全球合作治理是指中央公共权力机构与私人机构之间从地方到全球的多层次渐进式政治合作治理体系。其目的是通过制定和实施全球或跨国规范、原则，实现共同目标，解决共同问题。虽然国家仍然是首要的权力来源和治理的中坚力量，但它与各种非政府组织的合作越来越多。

三是有效的全球绿色治理需要一套国际社会公认、可以遵循和实施的实用规则。全球绿色治理的核心问题是，如何实现各类环境资源的配置和共享，合理解决由此产生的纠纷和集体行动问题。解决这一问题的关键，是建立一个共同认可的绿色治理体系，即制度保障。规章制度、法律、程序和规范使人们能够在相对可预测和公平的情况下维护各自的利益，这些共同构成了善治的基础。

第二章 全球气候变化安全化的
历史演进及其国际实践

　　2007 年，发生了一系列重大的气候事件。例如，联合国巴厘气候大会如期举行。联合国安理会以安全与气候变化之间的关系为主题，展开一系列的辩论。气候变化对全球安全与发展的影响，越来越受到大家的关注与重视。与此同时，诺贝尔奖委员会授予美国前副总统阿尔·戈尔和政府间气候变化专门委员会诺贝尔和平奖，气候变化被视为涉及人类和平与安全的最重要的领域之一。政府间气候变化专门委员会发布的第四份评估报告警告人类应对气候变暖负责。向来热衷于环保事业的美国前副总统阿尔·戈尔也在纪录片《难以忽视的真相》中强调，气候问题不仅将带来自然灾难，还将引发动乱甚至恐怖主义。同年，联合国安理会进行了关于气候变化和安全的第一次辩论会，为此后气候变化安全化的讨论彻底打开了大门。然而，有关气候变化安全化话语的讨论并不是从 2007 年才开始的。早在 20 世纪 80 年代，环境与冲突的关系就引起学术界的

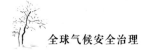

广泛关注。从"气候变化"到"气候安全",气候变化安全化经历了一系列的认知转变,才达到目前的全球气候变化安全化的实践状态。

一 气候变化安全化话语的起源

关于气候变化安全化话语的讨论,并不是从真空中演变而来的,而是来自一系列早期的论述。气候与安全的话语根源可以追溯到 20 世纪 80 年代,环境与冲突的关系引发学术界广泛关注。在这种广泛的讨论中,人们开始逐渐考虑环境问题是否真的会影响一个国家的稳定,并改变国家的安全。

(一) 关于环境与冲突的话语分歧

1. 关于环境与冲突的否定说

20 世纪 80 年代中期以来,环境与冲突的关系首先引起学术界的兴趣。对环境和冲突关系持否定态度的人,对环境和冲突之间的关系提出异议。他们认为,暴力冲突只来源于政治因素和军事因素,完全是由政治和军事等因素造成的,环境变化很难引起冲突(Floyd,2013:21-35)。有学者指出,大量文献和案例研究通常将冲突与资源争夺、资源稀缺性联系在一起,认为土壤退化、乱砍滥伐、淡水稀缺等问题并不会直接导致冲突的发生(Foster,2001)。就算环境变化可能引发暴力冲突,这种冲突也更多是由政治因素引起的(Percival and Homer-Dixon,1996)。即在触发冲突的过程中，环境会扮演各种角色，但不会在环境变化与暴力冲突之间起决定性的作用（Krakowka，2011：65-78）。特别是在一些非常贫困的发展中国家，政府可能会使用武力压制那些因为遭受环境衰退后果而不满的人，环境退化和气候变化的不利影响很难成为引发暴力冲突的主要因素（Galgano，2019：4-8）。总体而言，对环境和冲突关系持否定态度的人认为，人口、治理、资源、经济、环境和冲突之间的关系是非常复杂的，环境与冲突的因果关系受到政府政策、社会结构、国家治理、技术和基础设施的强烈影响，即环境对冲突的影响是叠加在潜在的社会和政治影响之上的（Solow，2011）。

2. 关于环境与冲突的肯定说

尽管环境与冲突之间的关系是一个饱受争议的问题，但是对环境和冲突关系持肯定态度的人也非常多。《布伦特兰报告》明确提到，环境压力是由政治和军事冲突造成的。[①] 此后，环境与冲突的相关性在学术界得到越来越多的认可，很多研究表明气候和环境因素直接导致了政治不稳定和冲突暴力。20 世纪 90 年代，托马斯·荷马·迪克森（Thomas Homer-Dixon）的研究十分具有影响力。[②] 1991 年，

[①] United Nations, Our Common Future, Report of the World Commission on Environment and Development, https://www. climatechangenews. com/2012/03/23/ed-davey-wars-over-water-on-the-horizon/.

[②] 迪克森提出，一旦人类适应环境变化的能力提高，环境退化的形式就会更加多样，这样就会产生环境危机，如此一来，气候变化带来的影响将更难应对。

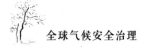

他提出一个关于冲突因果关系的模型。通过对非洲的降雨量进行研究，他认为降水的极端变化与国内的冲突呈正相关，失败的国家更容易面临环境的压力（Hartmann，2010）。他还通过案例分析，探究了环境与冲突之间关系的复杂性。他认为，尽管环境因素不是唯一的条件，但环境问题无疑会直接导致结构性暴力（Homer-Dixon，2001：15-35）。所罗门·祥（Solomon Hsiang）等人通过对1950~2004年的厄尔尼诺数据进行定量研究，证明在厄尔尼诺年期间，热带地区发生冲突的概率提高了整整一倍（Hsiang et al.，2011）。马歇尔·伯克（Marshall Burke）等人对全球气候变化及其与撒哈拉以南非洲武装冲突的潜在联系进行了全面研究，提到内战与非洲气温之间有着很强的历史联系，在温暖的年份，发生战争的可能性会明显增大，并预测到2030年武装冲突的发生率将增加54个百分点，冲突死亡人数将增加393000人（Burke et al.，2009）。

关于环境与冲突的话语，在一段时间内存在分歧。环境确实不是造成冲突的唯一因素，有许多因素会破坏国家的安定，如错误的经济政策、僵化的政治结构、寡头政权、压迫性政府和其他与环境无直接关系的不利因素。然而，这些缺陷通常会恶化环境状况，而恶化的环境状况会加剧这些缺陷（Galgano，2019：1-5）。在这样的一个假设下，特别是考虑到气候变化的预期影响，人们开始逐渐考虑环境问题是否真的会影响一个国家的稳定，并改变国家的安全问题。

目前，很多研究表明，气候和环境因素确实会直接导致政治的不稳定和冲突暴力的增加。一方面，环境压力会对一个国家的稳定产生根本影响。环境变化产生的不利影响与社区福祉受威胁之间存在关联性。国家和个体家庭层面的贫困会加剧对环境的破坏。农业生产力、水、燃料和森林砍伐等都是关键的环境指标，而干旱、荒漠化、森林砍伐、土壤侵蚀和枯竭是许多地区的主要问题，特别是在发展中国家，这些问题都对一个国家造成了重要的影响（Galgano，2007）。另一方面，资源短缺被认为非常严重，可能会严重减少人类的福祉（Smith and Vivekananda，2009：5-15）。正如新马尔萨斯学说提到的，丰富的资源往往伴随着冲突的发生。这种学说指出，未来冲突爆发的主要原因是自然资源和地球生命正常更替的压力加大。新马尔萨斯主义将人口增长过快、政治体制不够完善，与环境退化联系在一起。这些问题将导致移民数量增加、国家不稳定、国内压迫加大，以及国内外政治冲突的增多（刘晓华，2010：25-50）。某些资源的稀缺性，再加上其他因素，都可能会导致暴力冲突。因此，环境缺陷和气候变化，会导致形成更有可能发生冲突的环境：它们可以影响冲突的性质，可以确定冲突的来源，可以作为威胁乘数，成为加剧冲突的核心原因。

（二）环境安全话语的内涵与特性

无论是环境与冲突之间的肯定关系，还是环境与冲突之间的否定关系，都加速了人们对于环境与国家、人类之

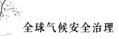

间关系的思考。不过，这种思考并没有直接引出气候变化安全化话语体系，环境安全话语体系的出现早于气候安全话语体系。

1. 环境安全话语的提出

在环境与冲突的关系得到广泛讨论之后，"环境安全"这个词开始出现在人们的视野之中。早在20世纪60年代，联合国就开始关注环境问题。到80年代，联合国开始把环境提升到安全的高度加以认识，并提出"环境安全"等安全话语。到90年代，尤其是苏联解体之后，环境安全引起各国政府的很大兴趣（Galgano，2013）。这也引发了"重新定义安全"的呼吁，很多国家呼吁人类关注环境问题和安全之间的联系（Mathews，1989）。1991年，美国国家安全战略对环境安全做了简要的介绍，其中提到食品安全、臭氧层减薄、淡水供应、乱砍滥伐、生物多样性、废物处理以及气候变化引起的相关问题。同时，由美国国防部副部长领导的国家安全委员会和环境安全办公室牵头，成立了全球环境事务委员会，以满足人们关注环境与安全关联性的需求。2002年，罗伯特·卡普兰（Robert S. Kaplan）在《大西洋月刊》发表了一篇名为 *The Coming Anarchy* 的文章。这篇著名文章全方位阐述了"环境安全"这个全新的概念（Kaplan，2002）。

相较于环境冲突话语一般将环境与传统的军事安全和国家安全直接联系，环境安全主要强调环境退化对人类的负面影响，而不仅仅是对国家的影响（O'Brien et al.，2000）。

正如联合国开发计划署署长特别顾问马赫布卜·乌尔·哈克（Mahbub ul Haq）强调的，新安全观"不仅是国土的安全，而且是人民的安全；不仅是防御国家之间冲突的安全，而且是防御人与人之间冲突的安全"（哈克，1993）。换言之，"人的安全"与环境安全话语更加紧密相连。联合国在《1994 年人类发展报告》中，全面阐述了"人的安全"（UNDP，1994）。同时，时任联合国秘书长加利在《和平的议程》中，强调了人口无限增长、贫困、疾病、饥荒、难民等问题对人类的威胁与伤害，并提出这些威胁给人类造成的后果不亚于传统的战争威胁。

2. 环境安全话语与环境冲突话语的关系

环境安全话语和环境冲突话语代表了安全与环境之间两种不同的关系方式，而环境安全话语比环境冲突话语具有更广泛的含义。环境冲突话语使用的概念比较窄，对安全与环境关系的看法也相对狭隘，它更关注那些易受环境影响的冲突，如人类在资源上发生暴力冲突，从而威胁到国家的安全，对国家产生不良影响（Detraz and Betsill，2009）。而环境安全话语在对环境变化的分析中，更加关注环境对人的影响，更加关注全人类的安全问题，侧重于环境变化对人类的各种威胁，并研究出一系列广泛的政策解决方案。环境安全话语主导下的政策在制定过程中会根据人类的行为与需求进行修正，因此这些政策会将人的安全置于国家安全之上，人的安全必须是安全政策的主要关注点。总体而言，与环境有关的冲突问题可以纳入环境安全

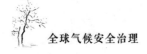

进行讨论，而环境安全问题很难完全纳入环境冲突。

二　气候变化安全化的产生与发展

气候变化安全化经历了几个阶段才发展到目前比较完善的状态。在最初的阶段，气候变化安全化话语总是伴随着环境安全的出现而出现。随着气候变化安全化概念的明晰，联合国安理会把气候变化纳入安全话题。在其通过安全化语言凸显气候变化的生存性威胁后，很多国家和国际组织积极地表明支持将气候变化问题纳入国际安全议程。从目前的发展来看，国际社会已经对气候变化安全威胁的认知有更全面和更深刻的认识。

（一）从"气候变化"到"气候安全"

气候变化安全化话语的产生，也建立在对气候问题的关注基础之上，而气候变化问题并非一直受到科学界和国际政治界的关注。气候安全从产生之初起，就与环境安全密不可分。例如，1989 年，彼得·格利克（Peter Gleick）发表了关于气候变化对国际安全的影响的文章。该文章提到，当国家之间存在其他压力和紧张局势时，环境会成为冲突的导火索。环境问题本身会在多大程度上导致冲突，全球气候变化是否可能改变国际关系、经济和安全，这都会导致对传统"国际安全"的定义进行重新审视和扩展（Gleick，1989）。不过在那个时代，这种表达和声音是零散的，也是微不足道的。正如上文提到的，不仅环境安全话语还处于争论中，而且很多科学家还对全球气候变暖机制和温室效应存在质疑。

到 21 世纪初，关于气候变化、冲突和安全之间关系的表述明显增多。2002 年，德国委托环境部提交了一份报告，分析气候变化引发冲突的可能性。这一年，德国政府对环境政策进行了重大调整，可持续性贯穿各项调整政策的始终。一年后，彼得·施瓦茨（Peter Schwartz）和道格·兰德尔（Doug Randall）为美国国防部撰写了一份题为《突发气候变化对美国国家安全的影响》的报告，指出气候变化正在挑战美国的安全。这是政府委托研究人员提交的第一份关于气候安全的报告（Schwartz and Randall，2003：10-25）。尽管五角大楼的报告主要关注气候变化对美国安全的影响，但是这份报告也影响到其他的国家。几乎在同一时间，英国国防部要求国防部气象办公室对气候变化在其关键战略领域的影响做一些战略性研究（Anton，2018）。经济学家尼古拉斯·斯特恩爵士（Sir Nicholas Stern）于 2007年发表了关于气候变化经济学的报告，他在报告中认为气候变化会引发冲突，预计到 2015 年会产生 2 亿环境难民（Stern，2007：30-50）。2005 年，卡特里娜飓风整体造成的经济损失高达 2000 亿美元，这使很多人认为特殊极端天气事件不仅与气候变化有关，还会影响整个国家的公共秩序，涉及国家安全（Maria，2012：151-164）。气候变化安全化话语的表达，除了在发达国家引发很大共鸣，在国际层面也引起共鸣。世界卫生组织于 2003 年发表了一份关于气候变化对全球健康影响的报告，认为气候变化已经造成全球人类的过度死亡。欧盟在《欧盟安全战略》中首次提到气候变化问题，指出欧盟的安全面临从战争威胁向自然资源与环境威胁的转变，这将在各地区造成进一步的动荡和移民问题。2006年，联合国秘书长潘基文提到气候变化是世界上最大的安全威胁，并将其与二战的破坏性潜力进行比较。至此，气候变化与安全之间的关系越来越明晰，气候变化安全化话语的体系逐渐形成。

（二）气候变化安全化的认知转变

气候变化安全化话语真正的形成，可以追溯到2007年。对于气候安全来说，这是具有转折性的一年。2007年，英国首次将气候变化和安全问题提交给联合国安理会，联合国安理会举行以气候、能源与安全之间关系为主题的公开辩论会。这是联合国以气候变化与安全问题为主题展开的第一次辩论会。至此，气候变化正式加入全球安全问题议程（Hommel and Murphy，2013）。还有一些联合国的专门机构，如联合国开发计划署、国际移民组织等，它们都通过各种各样的方式，以特定问题（如移民、冲突）为重点，对气候变化安全化展开讨论。随着能源安全、环境安全、难民和资源缺乏等新的挑战出现，各类区域组织也都纷纷将气候变化问题纳入国际安全议程。2010年，北约在最新安全原则中，引入关于环境和安全的一章。

在联合国安理会把气候变化问题纳入国际安全议程，并通过安全化语言凸显气候变化的生存性威胁后，联合国的一系列机构和各类区域组织十分积极地表明支持把气候变化问题纳入国际安全议程。很多国家也开始关注这个问题，并将气候安全话语转变为国家安全战略。例如，2008年，英国政府接连发布了《英国国家安全战略：相互依赖世界中的安全》《国家安全战略不确定时代的强大英国》两份战略文件。这两份文件从国内和国际两个角度，全面阐述了英国的气候安全观，以及气候变化对英国国家安全的影响。还有日本、澳大利亚和新西兰等发达国家和很多小岛屿发展中国家，也都明确地表明接受并支持欧盟的气候安全观。据统计，在 2007 年联合国安理会第 5663 次会议上，来自不同国家和不同地区的 56 位代表中，有 41 位代表明确发言表示气候变化是一个安全问题，占发言代表总数的 73.2%。[①]

（三）气候变化安全化的认知深化

在时任联合国秘书长潘基文于 2009 年发布《气候变化和它可能对安全产生的影响》这份报告之前，国际社会成员对气候变化的安全含义已经有一定的认知，但是并不系统，也不全面。该报告广泛征求了发达国家与发展中国家的意见，反映了自气候变化安全化进程开始以后，国际社会对气候变化安全威胁的认知进展。至此，国际社会对气候变化安全含义的认知更加全面和系统。本研究主要做了

---

① 安理会第 5663 次会议记录，S/PV. 5663, https://undocs.org/Home/Mobile?FinalSymbol = S% 2FPV. 5663&Language = E&DeviceType = Desktop&LangRequested = False。

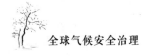

以下三个方面的总结。

1. 气候变化威胁一些国家国土面积与国土质量

气候变化对一些国家国土安全的威胁，正在随时间的推移而逐步显现。一方面，全球气候变暖致使海平面大幅度上升，让一些国家尤其是临海国家面临陆地被海水淹没的潜在威胁与巨大风险；另一方面，气候变化导致的极端现象和事件使一些国家的国土质量下降，危及粮食安全、水资源安全、生态安全等，致使这些国家的生存空间与生存能力受到威胁。气候变化引起的海平面上升具有较大的区域差异，对国际社会特别是地势低洼的小岛国和海岸线宽阔的国家构成了特殊威胁，它还给国际法带来重大挑战，包括海洋边界、国家主权地位、生物多样性保护等纷繁复杂的法律问题（冯寿波，2019a）。还有一些地势相对低洼的小岛国，面临在不久的将来被逐渐淹没的风险。例如，基里巴斯、汤加、马尔代夫等岛国，在气候变化的威胁下，其国民也很有可能被迫迁移，成为国际上的"气候难民"。马尔代夫是典型的国土面积小、土地稀少而海拔极低的岛国，一旦面临危机，需要向内陆或者高地撤退，同时它将面临失去一切的危险，包括领土、文化、主权和所有人民（冯寿波，2019b）。

2. 气候变化威胁一些国家的民生安全

气候变化对一些国家的民生，也会产生极大的影响。首先，气候变化对经济的影响会导致一些国家出现不稳定状态。气候变化引起的经济增长停滞、减速和混乱，将对发展中国家造成非常严重的安全威胁。一些依赖旅游业收入的热带国家可能会受到气候变化带来的更大的负面经济影响。极端气候事件增多和海平面上升等风险，尤其会对气候变化脆弱国家沿海地区的旅游业和渔业产生严重不利影响。其次，气候变化也会给淡水资源带来污染。气候变化已经导致区域降水发生显著变化。多年冻土、冰川持续萎缩，积雪不断减少，降雪区春季最大径流量逐渐提前，夏季干旱不断加剧（翟建青等，2014）。最后，气候变化也会对粮食生产有很大影响。在人类依赖的各种自然和社会系统中，农业系统是受气候变化影响最直接和最脆弱的系统之一。尤其中国是农业大国，对中国人来说，食物是最重要的，保障国家粮食安全是治国理政的重中之重。IPCC于2019年8月发布《气候变化与土地特别报告》，在第5章中对气候变化与粮食安全方面的进展进行了系统的阐释：气候变化给粮食安全带来相当广泛的影响，包括可获得性、利用效率和稳定性。[①] 总而言之，气候变化致使土壤质量和结构发生变化，导致土地功能退化，加剧了土地应对气候压力的敏感性，进而导致了农业的减产减收（陈睿山等，2021）。

3. 气候变化应对失败可能增加国家间的冲突

前联合国秘书长报告指出，联合国一些成员国提交的

---

① 例如，气候变化会导致适宜种植的作物种类减少，导致营养不良、肥胖等健康问题；化肥、农药的过量使用会导致环境退化、温室气体排放增加；为保障粮食产量，在土地利用上粮食作物种植与自然生态保护之间的竞争日趋激烈（许吟隆等，2020）。

文件认为，全球气候治理失败或国家层面的气候治理失败将导致大规模的经济、社会与生态破坏，如果出现这种情况，武装冲突的风险将增加。另一些成员国提交的文件认为，在气候变化影响下，水资源等的获取途径与获取能力将发生变化，一些水域需要重新划定边界，一些领土会因为海平面上升而出现新的争端，这将导致国家之间有关自然资源与领土的争端增加。另外，气候变化还可能直接导致南亚地区水资源短缺和人口大规模迁移，从而引发印巴关系、中印关系、中孟关系紧张。水资源的日益稀少，势必会导致国家间在水资源方面的合作越来越困难，造成地区的紧张关系。2011 年，苏丹在联合国安理会第 6587 次会议上的发言，发生了根本性的改变。苏丹代表认为，气候变化导致的旱灾和荒漠化是发生武装冲突的基本原因之一，如果国际社会不能解决这些根源性问题，那么就无法制止冲突并实现和平与安全。[①]

三　全球气候变化安全化的国际实践

自气候变化安全化话语体系逐渐明晰之后，联合国、国际组织以及各个国家在气候变化安全化方面进行了一系列的实践。2007~2023 年，联合国安理会以气候变化与安全问

① 联合国安理会第 6587 次会议记录，S/PV. 6587, https://undocs. org/Home/Mobile? FinalSymbol = S% 2FPV. 6587&Language = E&DeviceType = Desktop&LangRequested = False。

题为主题，先后开展了多次辩论会（Hommel and Murphy，2013）。欧盟一直都是采取气候变化安全化行动的领跑者，欧盟委员会是世界上首批将气候变化确定为安全问题的机构之一。除此之外，欧盟成员国、美国，尤其是英国和小岛屿国家都认为气候变化对其安全构成威胁，在气候变化安全化实践方面表现得非常积极。

2007 年，联合国以气候变化与安全问题为主题，展开第一次公开辩论会。自此，气候变化正式地加入国际安全问题议程。到 2023 年 6 月，联合国安理会就气候变化与安全问题，先后举行了 7 次辩论。迄今为止，联合国安理会是联合国唯一可以采取有约束力的强制性措施的机构。随着气候变化的后果变得越来越严重，联合国安理会是否可以解决气候安全问题，成为一个重要的问题。

（一）联合国安理会关于气候变化与安全的公开辩论会

2007 年以来，联合国安理会针对气候变化与安全问题先后举行 7 次公开辩论（2007 年 4 月 17 日、2011 年 7 月 20 日、2018 年 7 月 11 日、2019 年 1 月 25 日、2020 年 7 月 24 日、2021 年 2 月 23 日、2023 年 6 月 13 日）（见表 1）。这些都表明，气候安全已成为联合国最为关注的问题之一。[①]

---

① A. M. Kravik, "The Security Council and Climate Change-Too Hot to Handle?" https://www.ejiltalk.org/the-security-council-and-climate-change-too-hot-to-handle/.

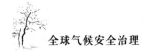

表 1　2007～2023 年联合国安理会针对气候变化
与安全问题展开的正式辩论

日期	会议类型	会议内容	召集人	参与国数量
2007 年 4 月 17 日	公开辩论	气候变化对安全的影响	英国	55
2011 年 7 月 20 日	公开辩论	维护国际和平与安全以及气候变化的影响	德国	62
2018 年 7 月 11 日	公开辩论	维护国际和平与安全，了解和应对与气候有关的安全风险	瑞典	20
2019 年 1 月 25 日	公开辩论	维护国际和平与安全，应对气候相关灾害对国际和平与安全的影响	多米尼加共和国	75
2020 年 7 月 24 日	公开辩论	应对气候相关灾害对国际和平与安全的影响：气候变化与安全	德国	72
2021 年 2 月 23 日	公开辩论	气候破坏是危机的放大器和倍增器	英国	85
2023 年 6 月 13 日	公开辩论	气候变化对国际和平与安全的威胁	阿拉伯联合酋长国	70

资料来源：笔者自制。

2007 年，联合国安理会举行了以气候变化对安全的影响为主题的第一次辩论会。这次辩论会由英国召集，包括小岛屿国家和工业化国家在内的 50 多个国家的代表参加。大家日益认识到，解决气候变化问题，以及确认气候和安全之间的关系，既有安全方面的必要性，也有经济、发展方面的必要性。联合国安理会提出："我们的责任是维护国际和平与安全，不稳定的气候是加剧国际冲突的重要因素。"（Conca，2019）这次辩论会由当时的英国外交大臣玛格丽特·贝克特（Margaret Beckett）主持，她表示气候变化加剧了包括冲突在内的许多威胁，并强调联合国安理会各成员国需要对能源、安全与气候之间的关系达成一定共识（Sindico，2007）。代表太平洋小岛屿国家和发展中国家发言的巴布亚新几内亚代表认为，气候变化对小岛屿国家的影响不亚于给大国带来枪炮和炸弹危险的威胁（Seter，2016）。

也有一些国家对联合国安理会是否能作为讨论气候变化的适当机构表示怀疑。中国认为，气候变化可能确实会带来一定的安全影响，但总的来说气候变化是一个可持续发展的问题（马建英、蒋云磊，2010）。巴基斯坦代表"77国集团"，也并不认为联合国安理会可以做出合适的决定。俄罗斯明确表明，联合国安理会只应处理其职权范围内的问题。[①] 也就是说，大多数发达国家和小岛屿国家倾向于将气候变化定性为安全问题，表示气候变化关系到世界各国的集体安全，要从预防冲突的角度解决气候安全问题。但一些发展中国家对此持保留意见，认为气候变化是社会经济发展问题，应由更具代表性的联合国大会处理（Trombetta，2008）。

直到 2011 年，联合国安理会才在德国发起的公开辩论中，又回到气候变化与安全这一主题。在此次会议中，62

[①] B. Orlove, "Meeting at UN Security Council Dicusses Climate Change and Conflict，" https://news. climate. columbia. edu/2017/12/22/meeting-un-security-council-discusses-climate-change-conflict/.

位代表发了言。辩论会就联合国安理会是否考虑将气候变化与安全问题留给负责可持续发展问题的联合国其他机构（如联合国大会、联合国经济及社会理事会）等问题展开了讨论（Devlin and Hendrix，2014）。2018 年和 2019 年，第三次辩论会和第四次辩论会相继召开。虽然发言者一致认为，气候变化及其影响（包括荒漠化、干旱、洪水等）已经对国家安全构成严重威胁，但他们对联合国安理会处理气候变化问题的责任范围仍存在分歧。代表们提议任命一位气候与安全问题秘书长担任特别代表，并在联合国系统内设置气候安全专门机构，以协调处理气候安全问题（Adams et al.，2018）。2019 年 1 月 25 日，联合国安理会举行了关于气候变化对安全影响的第四次正式公开辩论。尽管成员国的参与度越来越高，越来越多的国家支持联合国安理会参与气候政治，但这仍然是一个非常有争议的问题（Maertens，2019）。2021 年 2 月 23 日，在英国首相鲍里斯·约翰逊（Boris Johnson）的主持下，联合国安理会就气候变化与和平和安全问题举行了第六次公开辩论。在世界绝大部分国家仍然深陷新冠疫情造成的重重危机之中时，在包括英国在内的部分国家看来，气候变暖问题带来的挑战更为严峻，迫切需要解决之道。① 在 2023 年第七次辩论中，联合国安理会探讨了气候变化、和平与安全问题。这些实践都表明气候安全已成为联合国最为关注的问题之一。

---

① 《安理会辩论：气候破坏是危机的放大器和增倍器》，https://news.un.org/zh/story/2021/02/1078582。

由此可见，各国对于气候变化与全球安全，仍然存在有限共识和核心分歧。

1. 有限共识

几乎所有参加会议的国家和国际组织均认识到，气候变化已经对自然和社会系统造成巨大的负面影响，继而引发了安全风险。尽管如此，这些会议并未达成任何具有普遍约束力的决议，仅 2011 年的联合国安理会第 6587 次会议通过了一份主席声明（薄燕，2004）。

2007 年，联合国安理会举行了以气候变化对安全的影响为主题的首次辩论会，大家普遍认识到解决气候变化问题及确认气候与安全之间的联系，在安全、经济和发展层面都是必要的。[①] 联合国安理会提出："我们的责任是维护国际和平与安全，不稳定的气候是加剧国际冲突的重要因素。"（Conca，2019）2011 年，联合国安理会在德国的倡议下，重新聚焦气候变化与安全这一问题，发言者普遍认为气候变化及其影响（如荒漠化、干旱、洪水等）已对国家安全构成严重威胁。从 2019 年开始，联合国安理会基本每年都会召开有关此议题的正式公开辩论，成员国的参与度总体上升。2021 年与 2023 年，联合国安理会相继就气候变化、和平与安全问题举行了公开辩论，参与者继续明确了气候变化对国际和平与安全的影响，并探讨了联合国安

---

① United Nations, "Security Council Holds First-ever Debate on Impact of Climate Change on Peace, Security, Hearing over 50 Speakers," https://www.un. org/press/en/2007/sc9000. doc. htm.

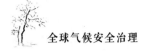

理会如何增强应对能力、减少人道主义需求及促进有韧性的社会。

2. 核心分歧

会议的分歧主要集中在两个方面。首先，气候变化应被视为安全问题还是经济发展问题。大部分发展中国家认为，虽然气候变化会带来一定的安全影响，但总体而言，它是一个关于可持续发展的问题（马建英、蒋云磊，2010）。大部分发达国家和小岛屿国家倾向于将气候变化定义为安全问题，认为它关系到全球的集体安全，应从预防冲突的角度解决气候安全问题（Trombetta，2008）。其次，关于联合国安理会是否有权应对气候变化的安全威胁以及如何采取行动，各国意见不一。例如，美国明确表示，只有联合国安理会能够确保将气候变化的安全影响纳入预防与缓解冲突、维持和平、减少灾害和进行人道主义响应的重要工作中。而俄罗斯指出，联合国安理会既没有专门知识，也没有工具制定行之有效的解决方案，切实解决气候安全问题。英国也明确提出，只有联合国安理会反恐怖主义委员会执行局在此方面具有明确作用。

（二）关于气候变化与气候安全的阿里亚（Arria）模式会议

"阿里亚模式会议"是联合国安理会的一种较新的会议方式，属于非正式的秘密会议形式。当联合国安理会一个或多个成员国，同时作为调解者或召集人，认为听取某些人士的意见有益或需要向他们传达某些信息时，便可邀请这些人参加会议。这类会议为联合国安理会成员国提供了一个灵活的程序框架，以便它们能够与这些人士进行坦诚而私下的意见交流。阿里亚模式会议也是联合国安理会讨论气候安全问题的一种活跃的方式。在一些情况下，阿里亚模式会议还可以作为联合国安理会进行公开辩论的准备形式。例如，塞内加尔于 2016 年 4 月组织的一场以"水、和平与安全"为主题的阿里亚模式会议，是为同年11 月就此主题进行公开辩论做的准备步骤。2018 年由埃塞俄比亚组织的关于"消灭非洲枪支"的阿里亚模式会议，是为南非 2019 年就此问题举行的公开辩论做准备。同样，2022 年举办的关于气候融资促进持续和平安全的阿里亚模式会议，是为 2023 年就同一主题进行的公开辩论提供的筹备。阿里亚模式会议对于联合国安理会解决同一问题发挥了积极的作用。截至 2023 年，有关气候变化与安全的问题，联合国安理会举行了 6 次阿里亚模式会议（见表 2）。

表 2　2013～2023 年联合国安理会针对气候变化
与安全问题展开的阿里亚模式会议

日期	会议内容	召集人
2013 年 2 月 15 日	气候变化的安全层面	英国、巴基斯坦
2015 年 6 月 30 日	气候变化是全球安全的威胁倍增器	西班牙、马来西亚
2017 年 4 月 10 日	气候变化的安全隐患：海平面上升	乌克兰
2017 年 12 月 15 日	为温度上升带来的安全隐患做准备	法国、德国、意大利、日本、马尔代夫、摩洛哥、荷兰、秘鲁、瑞典和英国

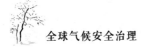

日期	会议内容	召集人
2020年4月22日	气候和安全风险：最新数据	法国、比利时、多米尼加共和国、爱沙尼亚、德国、尼日尔、圣文森特、格林纳丁斯、突尼斯、英国、越南
2022年3月9日	气候融资促进持续和平安全	阿拉伯联合酋长国

资料来源：笔者自制。

2015年，在巴基斯坦和英国的主持下，应西班牙和马来西亚的请求，会议将气候变化作为全球安全威胁倍增因素（Trombetta，2008）。会议的目的是更好地识别气候变化对全球安全构成的相关威胁。会议提到，越来越多的国家考虑将气候变化问题纳入其国家安全政策中，并且由于气候变化正在且将改变地缘政治动态，因此似乎有必要从国际角度采取更有条理的手段解决这一问题（Rita，2015）。这不是联合国安理会第一次解决气候安全问题，也不是联合国针对气候安全问题采取行动。[①] 联合国安理会也于2017年进行了两次阿里亚模式会议，对这一具体问题进行了专题讨论。[②] 越来越多的国家鼓励更多地考虑气候对安全

---

① United Nations, "UN Security Council Meeting on Climate Change as a Threat Multiplier for Global Security, The Center for Climate and Secirity: Exploring the Security Risks of Climate Change, "https：//climateandsecurity. org/2015/ 07/un-security-council-meeting-on-climate-change-as-a-threat-multiplier-for- global-security/.

② Security Council Report, "Arria-formula Meeting on Climate and Security Rsik: The Latest Data, "https：//www. securitycouncilreport. org/whatsinblue/2017/ 12/climate-change-arria-formula-meeting. php.

造成的威胁可以超越传统的国家间分歧。① 会议指出，自联合国安理会十年前首次审议该问题以来，气候变化引起的安全威胁已变得更加严峻（Schäfer et al.，2016）。

法国及其合作伙伴于2020年4月22日主办了一次阿里亚模式会议，以更好地评估与气候有关的安全风险，并就联合国为防止与气候有关的冲突可采取的行动进行交流（McDonald，2018）。会议提到气候变化的影响，如耕地的退化和水资源的减少，正在通过加剧贫困、粮食不安全和流离失所影响数百万人的生计。在世界某些地区，它还会影响人类生存的机会，极端天气事件（如热浪、飓风和洪水）将变得越来越频繁和严重。那些已经存在冲突因素的最脆弱的社会和经济，将最容易受到气候变化影响。这既包括直接影响和极端影响（洪水、飓风和野火），又包括渐进性后果（降雨不稳定、长期干旱、土地退化、海洋变暖和酸化以及海平面上升）。气候变化对和平与安全的影响是巨大的，一些地区已经受到影响。由于风险无国界，我们承担着共同管理风险的责任。② 2022年3月，阿拉伯联合酋长国在经济及社会理事会召开第六次阿里亚模式会议，

---

① Climate Diplomacy, "We Will Address Climate-related Security Risks in the Security Council—Interview with German Diplomat Michaela Spaeth, "https：// climate-diplomacy. org/magazine/cooperation/we-will-address-climate-related-security-risks-security-council-interview.

② Political and Peacebuilding Affais, "Climate Change Multiplying Factors That Lead to Insecurity for Millions, Rosemary DiCarlo Tells 'Arria Formula' Meeting, " https：//dppa. un. org/en/climate-change-multiplying-factors-lead-to-in-security-millions-rosemary-dicarlo-tells-arria-formula.

讨论气候融资（即为旨在解决气候问题的举措提供地方、国家或跨国融资）、气候变化在冲突和危机局势中的影响，及其在建设和维持和平中的作用。阿联酋坚决支持经济及社会理事会参与气候变化和安全事务，它还于 2023 年主办了联合国第 28 届气候变化会议。总之，大部分国家认可气候变化对和平与安全的影响是巨大的。

第三章　全球气候安全治理的困境

　　全球气候安全治理面临很多的现实难题和困境。以美国、英国、欧盟为首的西方主体是全球气候安全治理的主要推动力量，但是它们在积极推动气候变化安全化的过程中容易出现"过度安全化"倾向，把气候变化渲染为具有军事性质的硬安全问题。以俄罗斯与印度为首的国家很容易出现"欠缺安全化"倾向，"欠缺安全化"会导致安全危机加深，或引发新的各类社会安全危机。而小岛屿国家、非洲国家以及最不发达的一些国家，由于在国际政治活动中处于边缘化的地位，利益诉求长期以来得不到关注与重视，因此很容易陷入"沉默安全化"困境。之所以会出现这种现象，是因为，一方面，在逆全球化的潮流中，气候安全问题的复杂性对全球气候安全治理提出更高的要求，但是全球气候安全治理体系缺乏相应的引领，这也是全球气候安全治理面临的最现实的挑战。另一方面，大国为了维护本国利益，会从不同的视角对待全球气候安全治理，这也导致各国应对气候变化的方式各不相同。最后，解决

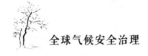

世界最紧迫的非传统安全问题，尤其是碳排放引致的环境恶化、资源耗竭、气候变化问题，都有赖于法律提供基本的框架和指导。全球气候安全治理需要基于良好价值形成的全球性气候法律规范，并且需要其得到妥善的实施。

一 "过度安全化"困境

过度安全化是指当某个公共问题刚出现尚不足以成为安全议题时，被过度定义上升为安全问题，从而造成资源浪费、民众恐慌并导致政策实践的混乱（魏志江、卢颖林，2022）。安全化就是指一个公共问题经过特定的政治化或社会化过程转化为安全问题。因此，当一个问题被认可为安全化的对象时，就会形成一个新的安全问题。安全化过程中"言语行为"的实施者（即安全化行为体）具有主观建构性，在实践中有可能为达到其特定的政治目的，制造安全威胁、夸大危机，使本不该安全化的议题被安全化。这种选择过度会导致过度安全化，也会造成国家权力的滥用和社会资源的不当分配（余潇枫、谢贵平，2015）。例如，在缺乏充分证据的情况下，把一些自然灾害或突发事件的发生原因简单归结为气候变化，并由此上升到气候安全问题。这种夸大现实安全问题的认知与决策，是过度安全化的直接体现。而以美国、英国、欧盟为首的西方主体，是气候变化问题过度安全化的主要推动力量。

（一）欧盟气候变化安全化的方式与进程

长期以来，欧盟及其成员国都是倡导在国内和国际舞台上就气候变化和安全采取行动的倡导者。欧盟委员会也是世界上第一个将气候变化确定为安全问题的机构之一。随着苏联的解体和"冷战"的结束，英、德、法等欧洲国家逐渐感到应对军事威胁的紧迫性和重要性大打折扣，而欧盟东扩带来的能源安全、环境安全、难民和资源缺乏等新的挑战，急需纳入欧盟的安全议程。

1. 欧盟关于气候变化与气候安全的实践工作

2003 年，欧盟在战略报告《欧盟安全战略》中首次提到气候变化问题。它是一份很独特的报告①，全面分析了冷战结束之后全球安全环境发生的一系列变化，并指出欧盟的安全环境面临从战争威胁向自然资源与环境威胁的转变，将在各地区造成进一步的动荡和移民问题。② 2008 年，欧盟在《气候变化与国际安全》中，对气候变化的国际安全含义，做了进一步的解释。该报告承认气候变化是一个威

---

① 这份独立的战略报告为欧盟确定了两个方面的战略性目标：一方面，欧盟面临的新安全威胁无一是单纯军事性质的威胁，因此对新安全威胁不能用单一的军事手段加以应对；另一方面，欧盟的安全与繁荣取决于有效的多边主义体系。发展更强大的国际社会、运行良好的国际体系和以规则为基础的国际秩序，都是维护欧盟安全的重要措施。因此，应对气候变化，可以帮助欧盟实现安全战略目标多元化，其战略意义恰好可以使其成为欧盟安全战略的核心目标，符合欧盟实现安全战略目标多元化的需求。

② Council of the European Union, "A Secure Europe in a Better World, "https://data. consilium. europa. eu/doc/document/ST-15895-2003-INIT/en/pdf.

胁变数，气候变化问题不仅会激化紧张和不稳定的国际冲突局势和趋势，还会成为压垮那些已经出现冲突倾向的国家或地区的最后一根稻草。① 对欧盟而言，气候变化问题是一个涉及欧盟安全战略目标是否可以顺利实现的核心安全问题，而非简单的环境问题。这就决定了欧盟必然会以积极的态度应对气候变化安全化。

为实现此目标，欧盟开始在一些重要的国际场合，积极向国际社会推广其对气候变化安全化的主张，试图影响国际社会对气候变化安全化含义的认知，以此推动气候变化安全化的政治议程。2011 年，欧盟为其成员国的外交官举行气候安全宣传会议，并启动了一项名为"气候外交"的倡议。"气候外交"开始以一种更开放和更系统的方式，参与到欧盟有关气候变化的外交政策的方方面面。② 2013 年，欧盟理事会成员国就气候外交问题达成一致，认为有必要进一步增强欧盟的气候外交能力，请高级代表和委员会以其各自的作用和能力，与成员国进行协调与合作。③ 2018 年 2 月，欧洲理事会承诺将气候变化问题进一步纳

---

① S. Fetzek and Lvan Schaik, "Europe's Responsibility to Prepare: Managing Climate Security Risks in a Changing World," https://climateandsecurity.org/euresponsibilitytoprepare/.

② Council of the European Union, "Council Conclusions on EU Climate Diplomacy 2011," http://ec.europa.eu/clima/events/0052/council_conclusions_en.pdf.

③ Council of the European Union, "Council Conclusions on EU Climate Diplomacy 2013," https://www.consilium.europa.eu/uedocs/cms_data/docs/pressdata/EN/foraff/137587.pdf.

入预防冲突、人道主义行动和灾害风险战略等主流问题
中。[①] 同年 6 月，在《气候变化与国际安全》报告出台十周
年之际，欧盟重点提出将气候和安全的联系提升到国家、区
域和多边论坛的最高政治水平，并承诺将在气候安全方面采
取更多措施。[②]

　　此后，欧盟发布的很多相关安全战略文件延续了上述
观点，即将气候变化作为对全球尤其是欧盟安全的重大威
胁，并在全球和欧盟范围内积极寻求应对之策。2019 年 1
月，欧盟理事会再次强调将气候变化纳入国际安全。[③] 同年
8 月，欧盟发布一份针对军队的气候安全文件，欧盟国防部
部长会议首次探讨了气候安全问题，既阐述了气候变化对
全球冲突地区及其相关维和行动造成的影响，又明确了如
何确保各国军队为应对气候变化做出贡献。[④] 同年 12 月，
欧盟委员会发布了《欧洲绿色协议》，提议将"绿色外交"
升级为"绿色联盟"，承诺通过外交政策手段，将这些不同

---

① Council of the European Union, "Council Conclusions on EU Climate Diplomacy
2018, " https: //www. consilium. europa. eu/en/press/press-releases/2018/02/
26/climate-diplomacy-council-adopts-conclusions/.

② F. Femia, and C. Werrell, "The EU Advances a Responsibility to Prepare for
Climate and Security Risks, "The Center for Climate and Security, July 24,
2018, https: //assets. publishing. service. gov. uk/media/5a7ce295e5274a2c9
a484b58/evidence-eeas-council-conclusions-climate-july-11. pdf.

③ Council of the European Union, "Council Conclusions on EU Climate Diplomacy
2019, " https: //www. consilium. europa. eu/uedocs/cms _ data/docs/pressdata/
EN/foraff/137585. pdf.

④ The Economist, "Resilience to Climate Change-A New Index Shows Why De-
veloping Countries Will Be Most Affected by 2050, "https: //www. eiu. com/
public/topical_ report. aspx? campaignid = climatechange2019.

类型的外部政策纳入一个更协调一致的战略之中。这些承诺对国际气候行动来讲，无疑是一次重大升级。① 2020 年 1 月，欧盟理事会呼吁就与气候有关的安全风险建立全面的信息基础，将短期、长期的气候和环境风险因素充分纳入国家、区域和国际评估环节，利用系统的专业知识，找到应对这些风险的方法（Cudworth and Hobden，2013）。

2. 欧盟成员国关于气候安全的实践工作

在欧盟内部，大多数成员国引入了欧盟的气候政策与气候安全战略。很多成员国在气候和安全方面有所行动，围绕气候变化问题在欧盟安全战略中的地位，推动了欧盟气候安全战略的丰富与完善，并为欧盟在国际政治层面推动气候变化问题安全化做了充分的实践工作。法国、德国、瑞典和荷兰等成员国一直在推动联合国安理会进一步审议这一问题，并积极与联合国秘书处合作。尤其是以法国、德国为代表的成员国，积极开拓气候安全治理的行动路径。

2007 年，德国在《变迁中的世界——作为安全威胁的气候变化》报告中指出，如果不重视气候问题并采取积极措施，气候变化无疑将对国际安全与国家安全造成更大的影响。② 2019 年，德国政府设立了"柏林气候和安全会议"，将其作为专门用来交流气候与安全政策的平台机制，

---

① European Commission, "The European Green Deal, " https: //ec. europa. eu/ info/sites/default/files/european-green-deal-communication_ en. pdf.

② M. Beckett, "Berlin Speech on Climate and Security, "http: //www. sonnen-seite. com/Future, Beckett-Berlinspeech4 - onclimateandsecurity, 71, a6256. html.

同时提出"柏林行动倡议"。参会各国都积极呼吁所有国家将气候变化与安全这个议题作为其对外政策的优先选项。2020年，德国外交部部长海科·马斯（Heiko Maas）宣布，德国将启动"全球气候安全风险前瞻性评估"，评估结果可以为联合国和各个国家的气候安全治理提供丰富的参考信息。

2018年，法国军方与世界自然基金会进行合作，双方一直致力于研究法国在非洲萨赫勒地区的4000多名驻军如何能够抵御气候变化造成的威胁，以更好地发挥维和的反恐效果。此外，法国议会还成立了关于气候安全的调查小组。2021年1月，该调查小组发布报告指出，法国政策和法国军队在应对气候安全方面的行动过于迟缓，应该进行积极的改善。调查小组还提出加强气候外交、关注气候难民问题并制定专门的法律等36项建议。[①] 意大利代表称，如果国际社会不针对气候变化及当前经济增长模式带来的危险制定共同战略，那么气候与能源问题就会加剧国家之间的危机局势。[②] 意大利认为，必须认识到与气候变化相关的资源短缺已经成为重要的冲突起因，气候变化会加剧贫穷与难民问题，增加不稳定因素，从而加剧冲突。比利时

---

① L. Moscovenko, "French MPs: Diplomacy, Military Slow to Address Climate Change as Driver of Armed Conflict," https://www.euractiv.com/section/defence-and-security/news/frenchmps-diplomacy-military-slow-to-address-climate-change-as-driver-of-armed-conflict/.

② 联合国安理会第5663次会议记录，S/PV. 5663，https://undocs.org/Home/Mobile? FinalSymbol = S% 2FPV. 5663&Language = E&DeviceType = Desktop&LangRequested = False。

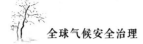

认为，气候变化已经非常明显地加剧各种非军事威胁，并增加了一些在气候变化方面最具脆弱性的国家陷入动乱甚至内战的风险。冰岛认为，国际社会认识到气候变化导致的难民迁徙等问题将使冲突更容易发生。① 2019 年 1 月 25 日，法国、英国、德国、秘鲁、波兰和比利时同时呼吁联合国加强其应对气候对国际安全风险的分析能力，具体措施包括改善数据和信息交换所，以及要求联合国秘书长提交关于气候和安全的年度报告。②

（二）英国气候变化安全化的方式与进程

早在 20 世纪 80 年代末，英国首相玛格丽特·撒切尔（Margaret Thatcher）就将气候变化定为人类面临的主要风险。撒切尔在联合国会议中指出，"我们必须努力保护自身的生存环境"（Carvalho and Burgess, 2005）。但是，到了 90 年代，英国对气候变化问题的关注度降低，对气候变化和安全之间联系的具体表述也减少。之后，冷战的结束和全球化进程的加快，使应对气候变化成为英国政府的政策重点之一。一方面，相对于传统安全占主导的年代，冷战的结束宣布了两大军事集团的对立终结，也使英国在所处的时期比其历史上大多数时期都安全。另一方面，全球化

---

① 联合国安理会第 5663 次会议记录，S/PV. 5663, https://undocs.org/Home/Mobile? FinalSymbol = S% 2FPV. 5663&Language = E&DeviceType = Desktop&LangRequested = False。

② United Nations, "Letter from the Permanent Representative of the Dominican Republic to the United Nations Addressed to the Secretary-Genera, "https://undocs.org/en/S/2019/1.

进程的加快，带来了很多新的挑战与安全威胁，如国家冲突、非法移民等问题（刘青尧，2018）。2000年，英国开始强调和关注气候变化给国家安全带来的变化与威胁。[①]

在此之后，气候安全问题越发受到英国政府的重视。2003~2004年，英国国防部开始评估气候变化对英国的安全影响。与此同时，发展、概念和原则中心（DCDC）开展了一系列关于气候变化安全影响的项目。[②] 2008年，英国成立了能源和气候变化部（DECC），英国政府前首席科学顾问大卫·金（David King）提出，气候变化对安全的威胁更甚于恐怖主义。[③] 2006年，英国外交大臣玛格丽特·贝克特（Margaret Beckett）在任职期间认为，气候变化正在从不同层面改变我们对安全的认识，这使英国必须将气候安全作为外交政策的核心问题。同时，英国能源和气候变化部大臣艾德·戴维（Ed Davey）提出，应该将气候问题与发展、和平等理念联系起来，气候变化对发展造成了潜在威胁。[④] 不过，在这个阶段，英国的气候安全观并未形成

---

① 英国对国家安全这个概念重新做了界定，即在新形势下，国家安全指英国整体的安全和福祉。这里的国家不仅包括作为政治实体或地理意义上的国家，还包括这个国家的公民及其政府系统。参见李靖堃（2015）。

② 2005年，该项目推出。2006年，他们做了一份名为《全球战略趋势——2030年展望》的报告，分析了气候变化、资源稀缺和其他全球趋势对国际安全和英国国防的潜在影响。

③ The Guardian, "Top Scientist Attacks US over Global Warming," http://www.theguardian.com/environment/2004/jan/09/sciencenews.greenpolitics.

④ R. Staff, "UK Energy Minister: Wards over Water on the Horizon," https://www.climatechangenews.com/2012/03/23/ed-davey-wars-over-water-on-the-horizon/.

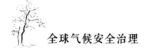

系统的体系，更没有上升到战略层面。

2007 年对于英国的气候安全观而言，是具有转折性的一年。这一年，英国政府向联合国安理会提交动议文件，以能源、气候与安全之间的关系为主题开展公开辩论会，并强调联合国安理会各成员国需要对能源、安全与气候之间的关系达成共识（Sindico，2007）。不过，文件只是详细阐释了气候变化对国际安全造成的后果，而没有提及气候变化对国内安全的影响。2008 年，英国政府第一次将气候变化正式纳入国家安全战略，并于 2008 年、2010 年接连发布了《英国国家安全战略：相互依赖世界中的安全》《国家安全战略不确定时代的强大英国》①两份战略文件。这两份文件从国内和国际两个角度，全面阐述了英国的气候安全观，以及气候变化对英国国家安全的影响。②

（三）美国气候变化安全化的方式与进程

美国作为一个地理和气候多样化的国家，受到气候变化巨大而多样的影响。相较于英国，美国开启气候变化安

---

① HM Goverment, "A Strong Britain in an Age of Uncertainty: The National Security Strategy," https: //assets. publishing. service. gov. uk/media/5a74cb2de5274a3cb286738d/national-security-strategy. pdf.

② 两份报告都认为，从现在开始，对国家安全的理解不能再像从前一样，英国面临着复杂的国际形势及不可预测的安全威胁。从英国国内来看，气候变化对安全的威胁主要体现为极端天气、自然灾害引发的人道主义危机；从国际角度来看，气候变化对安全的影响体现在气候问题引发的领土纠纷、气候移民、食品威胁等问题，特别是它会加剧世界上已经存在的一些冲突，甚至是对紧张的关系产生催化作用，从而引发世界更大地区范围内的不安全、不确定和不稳定。

全化的进程比较晚，而且一直处于反复不定的状态。尼克松总统于 1970 年创建了美国环境保护局（EPA），国会通过了具有里程碑意义的《清洁空气法案》（1970 年）和《清洁水法案》（1972 年）（Nixon，1971：578 - 579）。不过，里根总统指定的议员安妮·戈萨奇（Anne Gorsuch Burford）严重反对美国环境保护局的工作。她在就职演说中明确表示，"我们将用更少的人做更多的事，我们将用更少的人来做这件事"①。而布什不仅支持《清洁空气法案》的通过，还将一些动植物列入濒危物种名单。② 克林顿一直致力于绿色商业的发展，鼓励使用新的能源技术，提议将二氧化碳排放量限制在 1990 年的水平。同时，克林顿政府提出"气候变化技术倡议"（CCTI），以减少温室气体的排放。③ 而到了小布什政府阶段，美国在应对气候变化方面的态度又较为消极。小布什政府减少了环保署的执法人员，精简了调查方式，还试图将环保署的科研人员和程序更倾向于政治化，更是在 2001 年宣布单方面退出《京都议定

① L. Fredrickson, "History of US Presidential Assaults on Modern Environmental Health Protection," https://www. ncbi. nlm. nih. gov/pmc/articles/PMC5922 215/.

② L. A. Times, "Bush vs. Clinton: What Is an Environmental President?: To Cope with the Nation's Mounting Ecological Challenges, the Two Candidates Offer Sub-Stantially Different Policy Perspectives," https://www. latimes. com/archives/la-xpm-1992-09-27-op-488-story. html.

③ L. A. Times, "Bush vs. Clinton: What Is an Environmental President?: To Cope with the Nation's Mounting Ecological Challenges, the Two Candidates Offer Sub-Stantially Different Policy Perspectives," https://www. latimes. com/archives/la-xpm-1992-09-27-op-488-story. html.

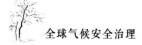
书》。小布什政府的这种行为引起很多人的不满。① 值得一提的是，无论是克林顿政府还是小布什政府，都未将气候变化进行安全化。

2007 年，美国代表亚历桑德罗·沃尔夫（Alejandro Wolff）在联合国安理会会议上表示，气候变化显然造成了严重挑战，能源安全、气候变化和可持续发展从根本上说是相互关联的。② 此后，美国开始关注气候变化与国家安全之间的联系，其对气候变化的观察视角明显从发展转向安全，开始逐步将气候变化安全化。2007 年，美国海军分析中心发布了《国家安全与气候变化的威胁》报告。③ 2008 年，奥巴马赢得大选后，立即宣称气候变化对国家安全影响颇深。次年，他在获得诺贝尔和平奖发表感言之时，重申了他的安全观。④ 奥巴马公开表态证明，美国已把气候变

① "Union of Concerned Scientists Scientific Integrity in Policy Making Investigation of the Bush Administration's Abuse of Science, "http://www. ucsusa. org/our-work/center-science-and-democracy/promoting-scientific-integrity/reports-scientific-integrity. html.

② 安理会第 5663 次会议记录，S/PV. 5663，https://undocs. org/Home/Mobile? FinalSymbol = S% 2FPV. 5663&Language = E&DeviceType = Desktop&LangRequested = False。

③ 该报告指出，全球气候变化对于国家安全而言是一种全新且不同的类型。气候变化的结果能够影响军事的组织、训练、装备和计划……在世界上一些最不稳定的地区，气候变化扮演了不稳定的"威胁倍增器"角色，同时，气候变化也对美国的国家安全造成了重大挑战。参见 CNA Corporation, "National Security and the Threat of Climate Change, " https://www. cna. org/cna_files/pdf/national% security% 20and% 20the% 20threat% 20of% 20climate% 20change。

④ News, "Full Text of Obama's Nobel Peace Prize Speech, "https://www. nbcnews. com/id/wbna34360743.

化视作国家安全问题，美国将做出相应的调整。① 2010 年，
美国国防部发布了《四年防务评估报告》，指出气候变化对
军事活动环境产生影响，也将直接或间接威胁国家独立维
护本国安全的能力。②

　　在此背景下，气候安全正式纳入美国国家安全范畴，
其在美国国家安全战略中的重要性持续上升。与英国不同，
美国更加强调气候变化对自身军事实力的影响。实际上，
美国一直都很重视在军事领域的优势地位，认为军事力量
的下降必然会使美国的安全环境受到威胁。除此之外，美
国国家情报委员会也将气候安全置于战略高度，不断调整
对全球安全形势的预测，以正视气候变化对美国国家安全
造成的影响。2012 年，美国国家情报委员会发布了《全球
趋势 2030：替代世界》，对塑造世界的四大趋势进行了系统
总结，其中就包括气候变化对水、食品和能源的影响或许比
想象中更严重，或造成极具破坏性的影响（赵行姝，2015）。
奥巴马更是在他的第二任期内，将气候变化确定为美国国
家安全面临的直接风险，突出强调气候安全治理时不我待
的紧迫性。③ 2014 年，奥巴马政府公布了《气候应变的国

① S. Holland, "Obama Says Climate Change a Matter of National Security,"https://
www. reuters. com/article/us-usa-obama-gore-idUSTRE4B86R920081210.

② Department of Defense of United States, "Quadrennial Defense Review Report
2010," https://history. defense. gov/Portals/70/Documents/quadrennial/QDR
2010. pdf?ver=vVJYRVwNdnGb_00ixF0UfQ%3d%3d.

③ White House, "Executive Order-Preparing the United States for the Impacts of
Climate Change," https://obamawhitehouse. archives. gov/the-press-office/
2013/11/01/executiveorder-preparing-united-states-impacts-climate-change.

际发展》的政策方案，指出气候变化的负面影响会降低美国的安全等级，从而引发国内外爆发资源冲突的风险。2015 年，美国在《国家安全战略》中指出，气候变化、恐怖主义、武装冲突、大规模杀伤性武器、公共空间、健康与安全是美国面临的六大安全问题，并强调气候变化对美国造成了重大威胁。①

（四）"过度安全化"困境评估

欧盟及其主要成员国都将气候变化作为对国际安全构成威胁和加剧冲突的主要因素。它们普遍主张，与气候变化相关的资源短缺是造成冲突的重要原因，不稳定的气候将加剧资源争夺等冲突。英国也认为，如果没有及时有效的气候安全治理措施，气候变化引发的一系列连锁反应将超越国界，进而引发粮食危机、移民、冲突与战争等问题，给英国维护其国家安全带来重大挑战。更值得指出的是，美国的军方高度重视气候安全问题，在国家安全战略层面指出气候变化对美国的军事部署、军事资产和安全环境产生的负面影响。

总体而言，以英美为主的发达国家率先开展气候安全治理，在气候安全问题认知、气候安全风险评估和综合应对等方面走在世界前列。它们明确认为，气候安全风险跨

---

① American President Project, "Climate-Resilient International Development," http://www.presidency.ucsb.edu/ws/index.php?pid = 107669; White House Report, "The National Security Implications of a Changing Climate," https://obamawhitehouse.archives.gov/the-press-office/2015/05/20/white-house-report-national-security-implications-changing-climate.

越国界，影响经济、政治、军事、环境等多个领域，加剧地区武装冲突，破坏脆弱国家的稳定和国际安全。七国集团、欧盟等国际组织高度重视全球气候安全议程，推动各国将气候安全政策转化为实际行动。另外，它们还认为，解决气候与安全之间的矛盾，需要采用更广泛的安全概念。国际社会应当对气候变化的安全影响，予以更大程度的重视，而不能只局限于从国家主权的视角分析气候安全问题，需要采用更广泛的安全概念，解决气候与安全之间的问题。

二　"欠缺安全化"困境

"欠缺安全化"困境指某个公共问题本应上升为安全议题，却因为缺乏应有的认知和判断而仍然被置于公共议题范畴，无法得到应有的人力、物力和财力投入（魏志江、卢颖林，2022）。在安全化过程中，行为体的选择欠缺或行动欠缺，会造成"欠缺安全化"问题，即安全行为体在安全决策与安全行动中，把安全问题作为公共问题处理，在一定程度上轻视甚至忽视安全问题（余潇枫、谢贵平，2015）。或者面对安全议程没能力、有能力而行动不到位，导致安全问题不能得到及时有效解决。"欠缺安全化"会导致安全危机的加深，或引发新的各类社会安全危机。

（一）俄罗斯、印度气候变化安全化的方式与进程

俄罗斯是一个幅员辽阔的国家，拥有丰富的自然资源。由于资源丰富，俄罗斯的环境保护方式往往是高度响应性

的，而不是预防性的。例如，空气和水污染防治主要通过罚款解决，而采纳清洁技术或推行预防性措施的激励机制几乎没有建立；固体废物管理系统的持续改革，是在垃圾填埋场产能过剩之后进行的；国内气候政策在永久冻土融化开始威胁石油和天然气基础设施时才出现。自苏联时代以来，由于冷战、西方制裁和现有资金不足，俄罗斯科学技术有时在与国际社会隔绝的情况下发展。这导致其在全球范围内解决环境问题方面缺乏意识和专业知识。① 与全球其他国家一样，俄罗斯正在经历更频繁的干旱、洪水、热浪和火灾。2010 年的极端干旱、热浪和野火（很可能是由气候变化引发的），对俄罗斯国内的粮食供应和小麦市场产生了重大影响，导致总统普京禁止了所有粮食出口。粮食出口的禁止，抬高了包括中东和北非在内的全球粮食价格。总体而言，俄罗斯的气候政策行动一直比较迟缓。②

2020 年，俄罗斯联邦政府发布了第一份有关气候变化适应的国家行动计划。这一进展是在俄罗斯于 2019 年 10 月批准《巴黎协定》之后发生的。在该计划中，俄罗斯联邦政府承诺对受气候变化影响的公民的安全负责。2019 年 7 月，受前所未有的西伯利亚野火的广泛影响，俄罗斯全国

① "Russia Should Acknowledge That All States Seek to Enjoy Environmental Security, and Support International Initiatives Intended to Support That Objective," https://ceobs.org/report-finds-that-russia-securitises-the-environment-but-on-its-terms/.

② L. Kelly and E. Northrop, "Four Things to Know about the IPCC Special Report on the Ocean and Cryosphere," https://www.wri.org/blog/2019/09/4-things-know-aboutipcc-special-report-ocean-and-cryosphere.

进入紧急状态。同月，在西伯利亚发生一个世纪以来最具毁灭性的洪水之后，普京宣布俄罗斯日益严重的自然灾害是气候变化的直接结果。最重要的是，该计划承认俄罗斯不足以应对气候变化对其经济造成的威胁。据经济学人情报部门的气候变化模型预测，由于俄罗斯在应对气候变化方面的机构准备和效率不足，2050 年俄罗斯经济总量将减少 3.3%。① 俄罗斯的国家行动计划通过制定适应气候变化的战略，应对能源、运输和农业等关键领域的挑战。虽然当前气候变化对俄罗斯的政策制定似乎影响不大，且俄罗斯政治影响力较大的商界中存在对气候变化持怀疑态度的观点，但该计划为俄罗斯提供了利用其特有地理和自然资源优势的机会。具体而言，这包括提高北方森林的生产力，增加对北极大陆架资源的开发，以及利用北极海域开放的运输通道。这些措施不仅有助于俄罗斯适应全球气候变化带来的挑战，还可能增强其在全球能源和运输市场中的竞争力。通过这样的战略部署，俄罗斯能够在全球气候政策中扮演更为积极的角色，同时为自身经济发展开辟新的增长途径。②

2021 年 12 月 13 日，俄罗斯利用其在联合国安理会的

---

① The Economist, "Resilience to Climate Change-A New Index Shows Why Developing Countries Will Be Most Affected by 2050, " https://www.eiu.com/public/topical_ report. aspx? campaignid = climatechange2019.

② P. Devyatkin, "Russia's Arctic Strategy: Aimed at Conflict or Cooperation? (Part I), " https://www.thearcticinstitute.org/russias-arctic-strategy-aimed-conflict-cooperation-part-one/.

否决权，阻止了爱尔兰和尼日尔提出的关于气候变化与安全的专题决议。该决议由尼日尔和爱尔兰起草，要求联合国安理会处理"有关气候变化对安全影响的信息"。俄罗斯否决了联合国安理会这项经过数月谈判的决议草案，该决议首次将气候变化定义为对和平的威胁。[1] 俄罗斯驻联合国代表瓦西里·A.内边齐亚（Vassily A. Nebenzia）表示，该决议是西方富裕大国干涉他国内政的借口。西方大国将气候变化定位为对国际安全的威胁，这会转移联合国安理会对国家冲突真正、根深蒂固原因的注意力。[2] 该决议于2021年12月13日获得联合国安理会15个成员国中的12个成员国支持。印度投了反对票，很多国家对此表达了失望。[3]

（二）"欠缺安全化"困境评估

俄罗斯不易受气候变化的不利影响，甚至可能从全球

---

[1] F. Krampe and C. Coning, "Does Russia's Veto Mean Climate Security Is off the Security Council Agenda?" https://reliefweb.int/report/world/does-russia-s-veto-mean-climate-security-security-council-agenda.

[2] "Russia Blocks U. N. Move to Treat Climate as Security Threat: The Russian Veto of a Widely Supported Security Council Resolution Pointed to the Difficulty of Achieving a Unified Response to Global Warming," https://www.nytimes.com/2021/12/13/world/americas/un-climate-change-russia.html.

[3] 美国驻联合国代表琳达·托马斯-格林菲尔德在推特上写道："只有联合国安理会，才能确保将气候变化的安全影响纳入预防和缓解冲突、维持和平和人道主义响应的关键工作中。"俄罗斯否决了一项得到联合国大多数成员国支持的决议。爱尔兰大使杰拉尔丁·伯恩·纳森说，该决议姗姗来迟，只是"适度的第一步"。如果联合国安理会不能适应当前形势，它将无法有效履行其维护国际和平与安全的使命。它必须反映我们现在生活的时刻，以及我们现在面临的国际和平与安全威胁。

气候变暖中获益。因此，俄罗斯坚持认为，联合国安理会不是应对气候变化安全影响的适当场所。自苏联解体以来，气候变化问题在俄罗斯政府事务中的优先级别一直很低，因为该国的经济发展严重依赖化石能源部门。气候变化对俄罗斯能源和粮食方面的影响十分有限，仅对生态安全产生一定威胁，尚未涉及军事安全（刘长松，2022）。实际上，俄罗斯、印度一直反对联合国安理会在国际层面讨论这个问题。俄罗斯虽然不质疑气候变化的严重性，但它认为，在不同国家和地区，有人正试图将日益恶化的社会经济和政治局势归咎于气候因素，气候变化确实对各国都构成严重威胁，但是联合国安理会既没有专门知识，也没有工具制定行之有效的解决方案，以切实解决气候变化问题。气候变化不是国际安全范畴内的普遍挑战，而应该根据每个国家的具体情况予以处理。① 印度认为，能否通过迅速解决气候变化安全问题应对气候相关灾害，从而实现气候安全，仍是一个未知数。在国际和平与安全的考量中，经济等因素往往优先于其他考虑。因此，将一个问题定义为安全挑战，通常需要增加注意力和资源，以专门解决它。使气候变化安全化可能有助于提高公众意识，但安全化也有重大不利因素。当合作显然是应对这一威胁的最有效途径时，安全化方法可能会使各国陷入竞争。从安全角度思考气候变化问题，通常会产生过于军事化的解决方案，用以解决本质上需

---

① Security Councile Report, S/PV. 8307, https://undocs. org/en/S/PV. 8307.

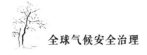

要以非军事对策加以解决的问题。简而言之，这会带来错误的行为者（Macekura，2015：17）。

三 "沉默安全化"困境

一些支持气候变化安全化的国家强调，气候变化使其成为最脆弱的群体，要求国际和国内对气候安全问题做出有力反应。例如，太平洋小岛屿发展中国家由于其地理位置的特殊性，一直非常关注气候变化安全化（Châtel，2014）。其中，瑙鲁代表小岛屿发展中国家一再强调其面临的生存挑战，认为应将气候变化视为与核扩散或恐怖主义同等的威胁，希望在气候变化造成的安全问题上加大区域和跨界合作（Selby et al.，2017）。这些小岛屿发展中国家、非洲国家和最不发达的一些国家都强调气候危害。由于在国际政治活动中处于边缘化的地位，它们的利益诉求长期以来得不到关注与重视，它们在政策上也没有得到照顾，即在安全化进程中，没有得到应有的政策或外界支持。因此，它们很容易陷入"沉默安全化"困境，即特定的"在场安全化"困境。

（一）小岛屿发展中国家气候变化安全化的方式与进程

小岛屿发展中国家处于气候变化的前线，通常地理位置偏远且地势低洼，容易受到环境挑战的影响，而且规模和人口都很小，遍布全球。它们最容易受到气候变化影响，但它们贡献的全球碳排放量不到1%。气候变化致使小岛屿发展中国家变成了世界上最脆弱的国家。地理位置的特殊性导致气候变化一再影响这些国家国民的生计安全。由于受到海平面上升的现实威胁，汤加、瑙鲁、图瓦卢、基里巴斯等小岛屿发展中国家处于生死存亡的危险境地。1992年，国际社会首次将小岛屿发展中国家视为面临独特社会、经济和环境脆弱性的"特例"的群体（Bratspies，2015）。随后，小岛屿发展中国家成功游说各国通过了《21世纪议程》。① 2009年，马尔代夫总统穆罕默德·纳希德（Mo-hamed Nasheed）召开水下内阁会议，提请人们关注小岛屿发展中国家在气候变化面前的困境。在水下，他在一块塑料石板上写道："我们必须在世界大战中团结起来，努力阻止气温进一步上升"，"气候变化威胁着地球上每个人的权利和安全"。② 该会议通过了一项呼吁采取全球行动减少碳排放的决议。随后，马尔代夫内阁成员穿着潜水装备的照片和视频在世界各地播出。此次会议引起了世界各国极大的关注。③

---

① 这次会议于1994年召开，并规定了帮助小岛屿发展中国家实现可持续发展的具体行动。《21世纪议程》在第17章中提到，小岛屿发展中国家规模小、资源有限、地理分散，很容易受到生态脆弱性的影响，并呼吁召开第一次关于小岛屿发展中国家可持续发展的全球会议。

② L. Mead, "Small Islands, Large Oceans: Voices on the Frontlines of Climate Change," https://www. iisd. org/articles/small-islands-large-oceans-voices-frontlines-climate-change.

③ United Nations, "Small Island Developing States, on the Front Lines of Climate and Economic Shocks, Need Greater International Assistance," https://www.un. org/development/desa/en/news/sustainable/sids-on-climatechange-frontline-need-more-assistance. html.

随着，欧盟等国际行为体积极推动气候变化安全化。小岛屿发展中国家发现，可以以此为契机，采取一些措施，努力增强自己对国际规范的塑造力，从而为自己争取更多权益。① 马尔代夫在 2009 年 3 月宣布，计划在 2020 年前成为碳中和国家。其他一些小岛屿发展中国家也积极仿效。小岛屿发展中国家灵巧的气候外交策略取得较大成效。2015 年，巴黎气候会议虽然没有把全球平均气温升幅不超过工业化前水平 1.5℃ 作为确保需要完成的目标，但是把全球平均气温升幅不超过工业化前水平 1.5℃ 设定为需要努力争取实现的目标。这就表明，从 2009 年小岛屿发展中国家明确提出"1.5℃ 意味着生存"的口号以后，经过 6 年的外交努力，这个起初让国际社会大多数成员感到不太现实的政治主张得到国际社会绝大多数成员的接受、认同与支持，并成为国际气候规范的重要组成部分。②

在 2007 年 11 月联合国安理会举行的关于气候安全的辩论会上，时任马尔代夫外交部部长阿卜杜拉·萨赫德

---

① 一方面，小岛屿发展中国家率先提出并极力推广的 1.5℃ 全球平均气温升幅控制目标被《巴黎协定》采纳。在 2009 年底的丹麦哥本哈根气候大会上，小岛屿发展中国家率先向国际社会所有成员提出"1.5℃ 意味着生存"的重要目标。事实上，从哥本哈根气候大会开始的第一天起，小岛屿发展中国家就在几乎所有发言、新闻发布会和书面报告中明确宣传和推广了 1.5℃ 的安全含义。另一方面，为了推动更多的国际社会成员接受 1.5℃ 的新概念，小岛屿发展中国家还引领性地提出"碳中和社会"的概念，并率先开展行动。

② Griffith Asia Institute, "The Pacific Small Island Developing States (PSIDS)' Early Advocacy on Climate and Security at the United Nations," https://blogs. griffith. edu. au/asiainsights/the-pacific-small-island-developing-states-psids-early-advocacy-on-climate-and-security-at-the-united-nations/.

（Abdulla Shahid）做了长篇发言。他以十分具有鼓动性的语言，向参会各国代表描述了小岛屿发展中国家在气候变化问题上面临的风险和脆弱性，还将小岛屿发展中国家近年来遭遇的一些严重自然灾害与全球气候变化直接联系起来，向国际社会成员论证小岛屿发展中国家在气候变化方面承受的重大损失。实际上，除时任马尔代夫外交部部长阿卜杜拉，在很多重要的外交场合，小岛屿发展中国家领导人都做过同样的努力。[1] 在 2009 年哥本哈根气候大会上，小岛屿发展中国家把争取充分的、可获得的、持续的气候变化适应基金支持，作为气候外交的一个重要目标（Arthur，2014）。在 2015 年 4 月在斐济举行的第十一次太平洋卫生部长会议上，各国卫生部部长将气候变化的真实和潜在影响列为太平洋地区卫生和卫生系统面临的直接挑战。[2]

2021 年，联合国人权理事会通过了人权和气候变化决议，授权开展分析气候变化与人权之间关系的重要活动和报告。这些活动和报告阐明了如何在气候行动的背景下确保弱势群体的人权。[3] 事实上，2014 年以来，联合国人权

---

[1] UN Security Council, S/PV. 5663, https://undocs.org/Home/Mobile? FinalSymbol = S%2FPV. 5663&Language = E&DeviceType = Desktop&Lang Requested = False.

[2] C. Tukuitonga and P. Vivili, "Climate Effects on Health in Small Islands Developing States," https://www.researchgate.net/publication/349182456_Climate_effects_on_health_in_Small_Islands_Developing_States.

[3] United Nations Human Rights Council, "Climate Change and Security: Human Rights Challenges and Opportunities in Small Island Developing States," https://www.ohchr.org/en/statements/2021/04/climate-change-and-security-human-rights-challenges-and-opportunities-small.

理事会每年都会通过一项关于人权和气候变化的决议。[①]
2021 年 4 月,斐济驻日内瓦联合国大使、人权理事会主席
纳扎特·沙米姆·汗(Nazhat Shameem Khan)女士参加了
关于"气候变化与安全:小岛屿发展中国家的人权挑战和
机遇"的会议。她作为主席,在会议中提到,作为一名斐
济人,她清楚地知道气候变化对小岛屿发展中国家人民安
全的影响有多重要。

(二) 非洲国家气候变化安全化的方式与进程

非洲大陆是受气候变化影响最严重的地区之一。极端
气候导致的地理脆弱性、经济发展下降和体制实力下滑,
都严重挑战着该地区应对气候变化的能力(Headey and
Fan, 2013)。加纳、纳米比亚等国认为,非洲大陆广大地
区遭受的气候变化威胁日益严峻,干旱与洪水等问题导致
粮食短缺、传染病蔓延、大规模流离失所和社会不稳定等
新安全问题。[②] 肯尼亚提出,气候变化不仅影响到肯尼亚国
家安全,也影响到其所在地区的和平与稳定。苏丹认为,
气候变化造成的旱灾和土地荒漠化是导致达尔富尔冲突的
重要原因之一,联合国安理会应该对此负起新的责任。[③]
2016 年,联合国秘书长的西非事务和萨赫勒问题特别代表

[①] 每年的决议都侧重于一个特定的主题,包括人权,气候变化,移民、
  气候变化对儿童权利的不利影响,气候变化对残疾人的不利影响,气
  候变化对国际安全的影响,等等。

[②] Security Councile Report, S/PV. 5663, https://undocs.org/S/PV. 5663.

[③] Security Councile Report, S/PV. 6587, https://undocs.org/S/PV. 6587.

穆罕默德·伊本·钱巴斯（Mohamed Ibn Chambas）向联合国安理会简要介绍了气候变化对该地区和平与安全的影响。他的声明概述了应对气候变化的紧急性，即应当立即采取应对措施，以阻止萨赫勒地区、靠近乍得湖地区和沿海地区的生活条件的恶化，以及阻止放牧区和鱼类资源的枯竭。[①] 总体而言，非洲国家大多认可武装冲突与国际恐怖主义不再是构成国际和平与安全威胁的唯一因素。它们普遍认为，气候变化加剧了武装冲突，对国际和国家的和平与安全造成了不利影响（Eckersley，2007）。

几个世纪以来，牧民和农民之间的移民冲突在萨赫勒地区很常见。牧民和农民之间的紧张关系造成的冲突，经常被描述为第一次气候冲突，因为大多数游牧民受气候变化影响，被迫继续向南迁移。[②] 这些土地使用冲突造成的紧张局势虽然可预见，但很少由官方机构主动解决或管理。由于缺乏高质量数据和影响研究，官方机构往往缺乏对资源纠纷进行复杂的仲裁或对项目进行技术监测。气候变化对土地和资源问题上的冲突，产生了明显的负面影响，并可能导致这些冲突增加（Benjaminsen，2008）。乍得湖处于非洲中部乍得、喀麦隆、尼日尔和尼日利亚4个国家的

① M. Chambas, "Briefing to the Security Council on the Impact of Climate Change and Desertification on Peace and Security," https://unowas.unmissions.org/briefing-securitycouncil-impact-climate-change-and-desertification-peace-and-security.

② B. Ki-Moon, "A Climate Culprit in Darfur," https://www.washingtonpost.com/wp-dyn/content/article/2007/06/15/AR2007061501857.html.

交界地段。乍得湖地区面临的安全、发展和气候变化的复合型挑战，导致该地区时常落入气候冲突陷阱。① 气候变化与武装冲突相互影响，形成恶性循环，气候变化带来的额外压力加剧了紧张局势，武装冲突削弱了当地应对气候变化的能力（Cornforth，2013）。乍得湖地区面临的气候冲突问题，也引起国际社会的广泛关注。联合国安理会在相关决议中明确表达了对该地区气候脆弱性的重视，确认了气候变化和生态变化等因素对该地区稳定的不利影响，包括缺水、干旱、荒漠化、土地退化和粮食不安全，并强调各国政府和联合国需要制定有关这些因素的适当风险评估和风险管理战略，遏制该地区的武装冲突，实现该地区的稳定发展。为了达成一项解决干旱问题及其后果的共同战略，东非国家于 1986 年联合起来，建立了政府间发展局。该局汇集了东非 8 个国家（吉布提、埃塞俄比亚、苏丹、厄立特里亚、肯尼亚、索马里、南苏丹和乌干达），围绕发展和预防冲突，展开了一系列的协调行动。② 东非国家农牧民之间的冲突明显比其他地方更多，很多国家甚至

---

① 主要表现为：持续冲突削弱了当地应对气候风险的能力；大量人口流离失所、土地质量下降，导致资源竞争加剧；气候变化破坏了地区经济和生计资源；武装反对派为招募成员提供经济奖励、针对暴力而采取的严厉军事措施，可能会削弱当地适应气候变化的能力。

② F. Femia and C. Werrell, "African Union Highlights Security Risks of Climate Change," https://climateandsecurity.org/2019/08/27/african-union-highlights-securityrisks-of-climate-change/.

陷入内战。[①] 长年的干旱和沙漠化问题进一步加剧了当地的贫困与饥饿，气候变化引发的安全问题也加剧了人道主义危机。

（三）"沉默安全化"困境评估

在气候谈判中，小岛屿国家联盟[②]要求世界各国关注其生存权。全球海平面上升将严重影响小岛屿国家的生存，因此导致该联盟对全球温室气体排放极为敏感。气候变化可能只是世界其他地区的发展问题，但对于小岛屿国家联盟来说是生存问题。全球温室气体排放问题，关系到小岛屿国家联盟成员国的生死存亡。因此，它们为限制全球温室气体排放，设定了高目标（曹亚斌，2011）。非洲国家普遍认为，气候变化带来的不利影响，是其局部冲突的重要起因之一。它们要求国际上可以积极应对气候安全问题。气候变化造成的土地荒漠化、水资源匮乏等现象，使资源

---

① 例如，苏丹和索马里等国爆发的内战，肯尼亚频繁干旱引发的农牧民之间的资源冲突，等等。2012 年夏天，肯尼亚蒙巴萨市的颇科莫居民（定居农民）和奥尔马居民（半游牧牧民）围绕水源和牧场，发生了多次大规模冲突。埃塞俄比亚和苏丹的族群之间围绕资源争夺，也发生过多次暴力冲突。资源冲突与国家内部的权力斗争有内在联系，围绕稀缺资源的斗争容易被政治精英利用，社会组织结构对暴力行为的产生也有推动作用，在苏丹尤其明显，肯尼亚、埃塞俄比亚、乌干达和卢旺达等国也面临类似问题。

② 小岛屿国家联盟（Alliance of Small Island States，AOSIS）现有 43 个成员国，是一个由小岛屿国家和沿海低地国家组成的国家联盟。该联盟各成员国有着相似的发展挑战、共同关心的环境问题，尤其关注全球环境变化对其造成的重大影响。小岛屿国家联盟成员国地理状况独特，在气候谈判中一直坚持其特殊的利益诉求。在联合国体系内，该联盟代表小岛屿发展中国家进行游说和谈判。

竞争与粮食危机加剧。最不发达国家与脆弱国家首先遭受到饥饿和难民威胁，政治动荡与较低的经济社会发展水平导致这些国家无力采取行动适应气候变化。在联合国 2018 年开展的和平行动规模最大的 10 个国家中，有 8 个位于气候敏感区。气候变化造成大量人口被迫迁移，加剧族群冲突。联合国难民事务高级专员办事处表示，干旱加剧了非洲萨赫勒地区的不安全形势和饥荒问题，导致约 3000 万人陷入严重的人道主义危机。为防止脆弱国家面临的气候安全问题继续恶化，国际社会需要加大适应技术与资金支持，增强抵御气候变化安全风险的能力。[①]

小岛屿发展中国家、非洲国家和一些最不发达的发展中国家非常重视和关注气候安全问题。积极应对气候安全风险已被纳入欧洲和美国等地区的政策框架。一些像非洲联盟这样的区域组织一直在研究气候变化对安全的影响，催促各个成员国家积极解决气候安全问题。2010 年，非洲联盟、非洲开发银行（AFDB）和联合国非洲经济委员会（UNECA）共同发起了非洲气候发展计划，通过对气象数据进行有效整合和计算，支持非洲国家可持续发展政策的连贯性。近年来，非洲联盟加强了其关于气候变化的立场和声明，承认气候变化超越了极端天气，对非洲的安全构成了直接威胁。非洲联盟以建设和平发展道路为任务，在强

---

① B. Ki-Moon, "A Climate Culprit in Darfur," https://www.washingtonpost. com/wp-dyn/content/article/2007/06/15/AR2007061501857.html.

调气候变化为和平与安全威胁方面发挥了关键作用。① 除此之外，还有一些其他的发展中国家组成的区域组织，如阿拉伯国家联盟、加勒比共同体、东南亚国家联盟、西非国家经济共同体等，都将气候变化视为严重的安全威胁。然而，这些国家长期以来在国际政治活动中处于边缘化的地位。再加上小岛屿发展中国家普遍经济发展水平较低，缺乏应对气候变化的资金，因此在气候变化国际博弈中，在综合实力方面处于绝对弱势地位，其利益诉求长期以来得不到关注与重视。小岛屿发展中国家希望联合国安理会做出有效的应对，推动气候安全区域和跨境合作，以稳定冲突后局势。

尽管广大发展中国家及有关国际组织对气候安全风险的认识水平不断提高，但政策实施仍然是主要挑战。应对气候安全风险，需要加大对区域气候风险评估的支持力度，全面评估各地区在不同社会、政治和经济背景下的气候脆弱性，根据当地政治和社会背景做出协调一致的政策响应。

四　全球气候安全治理的困境分析

之所以会出现"过度安全化"困境、"欠缺安全化"困境和"沉默安全化"困境，主要是基于以下几个方面的

---

① M. K. Mahamat, "Regions Must Take Holistic Approach to Security," https://adf-magazine.com/regions-must-take-holistic-approach-to-security/.

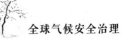

原因。首先，在逆全球化的潮流中，气候安全治理的复杂性对全球气候安全治理提出更高的要求，但是全球气候安全治理体系缺乏相应的引领，这是全球气候安全治理面临的最现实的挑战。其次，大国为了维护本国利益，都会从各自的视角去对待全球气候安全治理，这也导致各国应对气候变化的方式各不相同。最后，解决世界最紧迫的非传统安全问题，尤其是碳排放引致的环境恶化、资源耗竭、气候变化问题，都有赖法律提供基本的框架和指导。全球气候安全治理需要基于良好价值形成的全球性气候法律规范，并且需要其得到妥善的实施。

（一）全球气候治理安全化面临的现实挑战

"过度安全化"是对安全问题的"升级"，"欠缺安全化"是对安全问题的"降级"，基于此的认知与决策都是安全政治"选择"失当的表现。随着全球联系的深化与不确定性的增大，人们对全球化的信心正在动摇。在这种潮流带来的负效应下，全球气候安全治理体系更需要强有力的引领，而这是全球气候安全面临的最现实的挑战。

1. 逆全球化思潮的兴起及其负效应

当前，国际形势千变复杂，瞬息万变。21世纪以来，人们目睹"9·11"恐怖袭击、全球金融危机、日本福岛核泄漏灾难、西亚与北非的持续骚乱，以及让欧洲陷入困境的难民问题。从亚洲到非洲，从中东到欧洲，热点事件迭出，国家动乱频发，传统安全威胁与非传统安全威胁交织蔓延，国际社会正经历自冷战以来最深刻的政治变革，让人们不得不给予非传统威胁密切关注与深入思考。

2015年，巴黎气候大会的如期举行，获得举世瞩目的成就（董亮，2018）。然而，在接下来的时间里，接连发生了两起重大的政治事件。一是2016年6月英国开始推动全民公投决定脱欧，与作为全球化重要标志的"欧盟一体化"分道扬镳；二是2017年特朗普正式宣布退出才生效不久的《巴黎协定》。毫无疑问，这两个事件给目前的"逆全球化"趋势添加了重要的发展节点（郭强，2013）。随着全球化的不确定性越来越大，人们对全球化的信心正在动摇。主要工业化国家退出全球化等一系列事件的发生，使全球化进程面临巨大危机（王学东、孙梓青，2017）。

事实上，如果仅对这些事件进行简单的分析，它们没有对全球气候安全治理造成最直接与最深远的影响，但这些事件引发了一系列的连锁反应。例如，特朗普在当选总统之后，撤销了奥巴马时期的一些气候政策，更是坚定选择退出《巴黎协定》。尽管2021年拜登与其环保团队主要成员重申其政府将重返《巴黎协定》以应对全球变暖，并重建美国经济，但这种反复无常的气候政策无疑会对全球气候安全治理产生不利影响。同理，英国历经的脱欧和主权债务等问题，毫无疑问也会造成欧盟社会的动荡不安，加剧欧盟的经济萧条。欧盟是全球气候安全治理的主要参与者，上述这些问题势必会对其参与全球气候安全治理产生很大的负面影响。全球化是人类面临的新形势，是人类历史上的一场伟大革命。在全球化体系下，人类属于同一

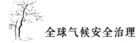

个共同体，气候问题是牵涉所有人共同命运的问题。

不可否认的是，全球气候安全治理在很大程度上决定了各国在未来的国际分工。全球气候安全治理将对未来整个国际秩序的变化产生影响，因为全球气候安全治理会推动世界向低碳经济转型，而只有减排才可以逐步抑制全球气候变暖，使全球气候走向一个好的归途。然而，面对气候问题，很多国家打着自己的"小算盘"。① 特朗普就任美国总统后，向世界打响"贸易战"，试图通过征收高关税、大规模"退群"等单边行动提升就业率等，以挽救呈现颓势的美国经济（余潇枫，2020a：3-4）。可以说，在这样的状态之下，气候问题根本不是美国和欧洲的民粹团体所关心的，甚至还会遭到它们的反对。因为气候问题确实很难在短期内得到解决，这就使一些国家在进行全球治理的过程中，首先会着重考虑本国的经济发展，而不是考虑需要投入大量时间和精力的气候问题（康晓，2018）。总的来说，逆全球化下的这些形势，不仅减缓了整个全球治理的步伐，还影响了最需要进行国际合作的气候领域。这给本来就充满难度的全球气候安全治理，增加了一丝不确定性。

2. 全球气候安全治理引领力缺失

气候变化导致的气温上升及其影响是全球性的。虽然

---

① 晚近右翼民粹主义在美欧发达国家的兴起，尤其是右翼民粹主义政治势力的抬头和右翼民粹主义领导人的当选，既反映了对新自由主义及其精英建制派的不满和反抗，也体现了对整个自由市场的排斥和拒绝。有很多人认为，特朗普在美国大选中获胜的很大一部分原因是利用了国内人民对经济状况的不满，这种不满最终转化为对特朗普政府的支持。

气温上升对不同国家的影响不完全相同，气候的脆弱性和各国应对气候变化的能力也有很大差异，但是随着全球极端天气发生频率的增加，以及气候变化对人类健康和生物多样性的影响增大，气候变化对世界各国都是一个严峻的挑战。①毋庸置疑，全球性问题不可避免地需要全球合作。在气候变化问题上，任何国家都不可能孤军奋战、独自应对，一个国家的单边行动根本无法彻底解决这一问题。全球合作的基础是多边主义，这也是国际合作的基本理念。②全球气候安全治理也需要国际合作，但在当前逆全球化的趋势下，气候安全问题的复杂性、紧迫性对全球气候安全治理提出更高要求，即全球气候安全治理体系需要有相应的引领力，以凝聚各国共识，维护各方利益，最终实现各国共同利益。这就需要从价值理念、规范引领、机制建设等方面，寻求最合适的引领者。

而放眼全球，回望对多边主义具有最直接影响的美国对待《巴黎协定》的态度，很难认为其具有引领全球气候安全治理的能力。或许有些人认为美国对《巴黎协定》的反复退出或加入并不会影响全球气候安全治理的整体进程，但是不可忽视的是，作为排放大国，美国对待气候问题"阴晴不定"的态度无疑将对全球气候安全治理的有效性产

---

① The Economist, "Resilience to Climate Change-A New Index Shows Why Developing Countries Will Be Most Affected by 2050, " https://www.eiu.com/public/topical_ report. aspx? campaignid = climatechange2019.

② J. Pramuk, "Read Joe Biden's Full 2020 Democratic National Convention Speech, " https://www.cnbc.com/2020/08/21/joe-biden-dnc-speech-transcript.html.

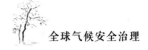

生整体影响。全球气候安全治理需要全球性合作，但单边主义的侵蚀直接导致国际合作严重受挫，这也是当前全球气候安全治理面临的严重困境（石晨霞，2020）。反观欧盟及其周边欧洲国家，它们一直是多边主义的践行者与维护者。随着气候变化问题的安全含义迅速引起国际社会的高度关注，它们成为当前全球气候安全治理的积极参与者，尤其是欧盟越来越认识到应当把气候变化安全化作为其争取扩大对国际安全事务影响力的重要切入点。但近年来，欧盟深陷债务危机、经济危机、难民危机和恐怖袭击等多重危机，加之英国"脱欧"等问题严重损害一体化发展，欧盟几乎没有精力顾及多边主义，至少在维护多边主义方面变得更加务实。所有这些因素都导致了多边主义的衰落，并将在不久的将来继续下去。这将严重拖延全球气候变化的治理进程，削弱国际社会及时处理气候问题的力量和决心（Acharya，2016：15-25）。虽然欧盟在气候问题上仍有影响力，但是受诸多因素影响，其影响力和引领力远弱于以往，难以单独在全球气候安全治理体系中发挥强有力的引领作用。而还有很多在气候变化安全化进程中表现积极的国家（如小岛屿发展中国家、非洲国家等），它们在国际政治活动中处于边缘化的地位，更不要说引领全球气候安全治理。

（二）全球气候变化安全化治理的"理念冲突"与"国际博弈"

如前所述，安全化的过程是一个将公共问题转化为安全问题的政治化或社会化过程。要实现合理的安全化，既要防止"过度安全化"（即安全行为体为实现其安全政治的特定目的，制造和夸大威胁危机，将不必要安全化的议题安全化，造成国家权力滥用和社会资源浪费等问题），又要防止"欠缺安全化"（即安全行为体在安全决策和安全行动中，把安全问题降级，将其仅仅作为公共问题处理，轻视甚至忽略了安全问题），这需要对安全化进程达成共识。因而理念的不一致甚至冲突，必然给合理安全化带来困境。事实上，随着气候变化安全化进程的开始和逐渐深入，各国在全球气候安全治理的进程中面临理念冲突。在对待全球气候安全问题的过程中，不同国家对是否将气候问题视为安全问题持不同的观点和态度。一些国家认为气候与安全具有明显的联系，而另一些国家持反对意见，这些决策背后的立场、动机与政治利益相关。另外，气候问题不只是科学问题，更是集各种因素于一体的战略博弈问题。

1. 不同国家对待全球气候变化安全化的立场与动因不同

不同国家出于国家政策和国情的考虑，对气候安全问题持不同观点和态度。大部分发达国家和小岛屿发展中国家在气候安全问题上表达了强烈的关切和诉求，而大部分发展中国家对于将气候问题过度安全化持保留态度，显示出不同发展阶段的国家在这个问题上存在一定的立场差异。

随着气候变化安全化进程的开始和逐渐深入，国际气候谈判与合作对世界各国的权利和义务产生的影响不断加大。支持气候变化安全化的国家强调气候变化使其成为最脆弱的群体，要求国际和国内对气候安全问题做出有力回应。例如，太平洋小岛屿发展中国家由于其地理位置的特殊性，一直非常关注气候变化安全化，它们指出气候变化迫使其大量人口迁移，联合国安理会是维护国家领土完整与安全的重要机构，希望联合国安理会做出积极贡献（Châtel，2014）。相对来说，发展中国家整体立场有所不同，它们反对将气候变化问题过度安全化。77 国集团认为，尽管气候变化可能会产生某些安全问题，但本质上是可持续发展问题（Warner and Boas，2019）。另外，联合国安理会有关气候变化的行动面临重大的政治阻力，其任何气候行动都必须斟酌每一个常任理事国的政治考虑。[1] 一些成员国认为，联合国安理会完全超出其应有的职权范围，气候变化不是联合国安理会议程的一部分，应完全归入《联合国气候变化框架公约》和经济及社会理事会之内。总而言之，大部分发达国家普遍支持小岛屿发展中国家和非洲国家在气候安全问题上的关切和诉求，而大部分发展中国家不是很赞同将气候问题过度安全化，在这个问题上它们还存在一定的立场偏差。

即便是在全球气候安全治理中表现最为积极的国家，它们做出决策的动机也可能各不相同。这些国家的决策可能更多地与气候变化带来的政治收益相关，而不仅仅是出于环境保护的考虑。这种现象揭示了在全球气候政策中，

---

[1] Opinio Juris, "Climate Change: A Threat to International Peace & Security?" http://opiniojuris.org/2020/08/29/climate-change-a-threat-to-international-peace-security/.

政治和经济因素的重要性常常与环境保护目标交织在一起。正如印度指出的那样，安全化参与者通常希望通过纳入气候因素吸引人们的注意力，特别是非常任理事国（Dellmuth et al.，2018）。对于寻求获得非常任理事国席位的成员国来说，气候变化成为一个非常好的竞选话题。

在 2011 年联合国安理会公开辩论会召开之时，芬兰正在竞选 2013~2014 年非常任理事国。它明确指出，鉴于联合国安理会在维护国际和平与安全方面的杰出作用，其应密切关注气候变化对安全的影响。如果它获得非常任理事国席位，它将积极推动此类评估和行动。① 同样，挪威在 2021~2022 年竞选非常任理事国席位时提到，"我们认为关于气候安全问题，要坚定地支持安理会的议程，挪威作为安理会非常任理事国候选国，也将其作为优先事项。我们也支持任命联合国气候与安全问题特别代表的倡议"②。此外，爱沙尼亚外交部政治事务副部长提出，"在竞选期间，我们正确地关注了气候变化这样一个处于焦点的战略层面问题"。德国还在联合国安理会上提出其为期两年的（2019~2020 年）有关气候变化的倡议，提出其最终目标是"将气候相关安全问题纳入所有决议和政策"③。

①　Security Councile Report, S/PV. 6587, https://undocs.org/S/PV. 6587.

②　Security Councile Report, S/PV. 8307, https://undocs.org/en/S/PV. 8307.

③　W. Adelphi, "We Will Address Climate-related Security Risks in the Security Council—Interview with German Diplomat Michaela Spaeth," https://climate-diplomacy.org/magazine/environment/we-will-address-climate-related-security-risks-security-council-interview.

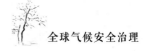

2. 全球气候变化安全化治理的国际博弈

气候问题关系到世界各国的权利和义务，涉及国家间利益的竞争。尤其是隐藏在全球气候安全治理进程背后的，仍然是各国之间的气候话语权、经济主导权和伦理价值取向之争。

（1）气候话语权之争

在通常情况下，拥有国际话语权[①]的国家在全球治理中，会从自身利益需求出发，利用自己的话语权制定国际规则，也可以依据本国立场和优势，使情势朝有利于自身的方向发展，最终在国际规则制定和国际关系中掌握主动权。这一主动权又决定了其在国际社会尤其是特定重大领域拥有话语权和领导地位（王伟男，2011）。国际话语权的本质就是对国家利益的维护和争取。行为体的话语权包括发言权与规则制定权，是其在某领域内影响力的集中体现（Price，2007：253-255）。

在全球气候治理领域，不同国家对话语权的争夺，也是其在国际领域软硬实力的角逐与较量。一个国家若能掌握全球气候话语权，就有可能使全球气候治理的进程或结果朝有利于自身利益的方向发展。以欧盟为例，在很多国

[①] 所谓"话语权"，是指话语权和发言权，即对某一问题发表意见的资格和权利，往往与人们在经济、政治、文化、社会等方面的合法权益的话语表达密切相关。国际话语权是指以国家利益为核心，对社会发展事务和国家事务发表意见的权利，与国际环境密切相关，体现了对知情权、表达权和参与权的综合运用（梁凯音，2009；王伟男，2010）。

家对气候变化的真实性持怀疑态度的时候，欧盟率先呼吁各国应对全球气候变暖（柳思思，2016）。目前，许多有关气候治理的重要思想仍由欧洲国家政府提出，欧盟曾在该领域享有较高的话语权和领导地位（薄燕、陈志敏，2009）。欧盟目前在全球气候治理领域掌握着主要话语权。一方面，对话语权的掌握提升了欧盟的国际形象，增强了其对周边国家的凝聚力和吸引力；另一方面，欧盟利用这一影响力，为其各种商品和服务的环境与技术标准提供了合法基础，从而为其带来了实实在在的经济利益（Karlsson et al.，2012）。

不同国家在各个领域都有一定的话语权，可以在一定程度上促进自身利益的最大化。在气候变化安全化进程中，安全化施动者与听众之间的互动关系十分重要。如果作为安全化施动者的欧盟有关凸显气候变化存在性威胁的话语不能得到国际社会成员的广泛认可，那么它的努力就难以成功。因此，欧盟为了实现其安全战略目标，在气候变化安全化进程中高度重视并努力提升其话语权威性。一个国家若可以在全球气候安全治理领域拥有强大的话语权，就有希望使全球气候安全治理朝有利于自身的方向发展。

（2）经济主导权之争

政治权力通常是实现国家经济利益的手段。由于气候安全具有公共物品属性，因此很容易产生国家间搭便车的行为。自2008年金融危机发生以来，各个国家对全球气候安全治理的态度出现了变化。面对气候安全治理，各个国

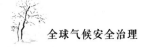

家首先会从本国的经济发展出发设定需求和关注度，而不会优先选择把大量资金投入生态环境和气候安全的治理方面（周剑等，2009）。

当前，气候安全已经成为整个国际社会面临的最大外部性安全挑战，并日益渗透到各个国家的政治、经济、社会、文化等领域。由于在发展阶段、国家实力、碳排放量等方面存在差异，各国在气候领域的利益诉求也有很大差异。参与气候安全治理的各国在气候谈判中，既注重本国的绝对收益，又注重相对收益，且大国之间的博弈越来越激烈。这在事实上导致了谈判各方在事关气候安全治理的核心议题上表达各自的立场和诉求，很难在实际行动上形成相互间的认同并达成共识。总而言之，气候安全与经济问题具有与生俱来的紧密关系。各个国家在涉及气候安全治理方面的谈判时，都首先会将经济利益摆在核心位置进行考量：如果对本国有利，就会果断支持和倡导；如果与本国经济利益相悖，就会坚决地予以反对。

（3）价值取向之争

气候变化是一个深刻而重大的伦理价值问题。[①] 约翰·

---

① 李春林（2010）教授认为，气候变化具有三大特性。其一，影响的全球非均衡性。在相互依存的世界上，没有一个国家不受影响，但最脆弱、最贫穷的国家和人民会首先受到影响，而且程度最深，即便它们在引发气候变化方面的作用最小。其二，责任者与受害者之间的错位性。由于气候变化挑战具有全球性，因而"一国排放温室气体就是另一国的气候变化问题"，一个主要效应是排放者并不面对它们自己的污染的后果。其三，时间上的滞后性，因而往往是前人排放，后人遭罪。而且，气候变化的伦理效应因当今世界既分裂又依存而被（转下页注）

罗尔斯（John Rawls）曾说，一起工作的人们，一方面各方都有大致相近的需求和利益，以使相互有利的合作在他们中间成为可能；另一方面他们又有自己的生活计划（罗尔斯，1988：127）。气候问题层面的国家行动，也确实存在"囚徒困境"① 的情形。气候问题上的公共产品是对气候的优化，提供公共产品的行为是指减少温室气体和将控制大气问题交由各个国家承担。但是，一个国家提供这样的公共产品后，由于大气系统的循环性，其结果就会由所有国家共享（龙运杰，2013）。每个国家都不愿意付出过多的成本提高全球环境质量，而是想让别的国家承担更多的减排责任，这也导致各国在气候问题上的立场存在冲突。

气候问题背后隐藏的是这个社会上的人类应该如何分配稀缺资源的问题。如果这些问题都无法从根本上得到解决，那么气候问题也就无法解决（陈俊，2017a）。全球气候安全问题的凸显让我们警觉到，人类不能再只一味强调

（接上页注①）放大，使最无辜、最脆弱且最无发言权的国家和人民承受其主要的负面影响，导致南北国家和国内贫富差距不断拉大，最终影响国家间和个人间的平等生存和公平发展。

① "囚徒困境"是 1950 年美国兰德公司的梅里尔·弗勒德（Merrill Flood）和梅尔文·德雷希尔（Melvin Dresher）拟定的有关困境的理论。这个理论可以描述为，两个共谋犯罪的人被关入监狱，不能互相沟通的情况。如果两个人都不揭发对方，则由于证据不足，每个人都坐牢一年；若一人揭发，而另一人沉默，则揭发者因为立功而立即获释，沉默者因不合作而入狱十年；若互相揭发，则因证据确凿，二者都判刑八年。由于囚徒无法信任对方，因此倾向于互相揭发，而不是同守沉默。囚徒困境是博弈论的非零和博弈中具有代表性的例子，反映个人最佳选择并非团体最佳选择。虽然困境本身具有模型性质，但现实中的价格竞争、环境保护、人际关系等方面，会频繁出现类似情况。

实现自己理想生活的权利，而欺骗自我，忽视气候问题的存在，人类必须立刻反思如何与自己的同胞一起共同保护赖以生存的环境与地球。而这仅凭现有的技术和国际政策的制定是远远不够的，气候安全威胁背后折射出的是地球本身资源的稀缺性与人类社会发展广阔需求之间的矛盾，这一矛盾的客观存在倒逼人类要重新认识世界，重新认识和探寻人与自然的关系。这更多体现的是一个伦理道德问题，且与我们长久以来的价值观有关（姚新中，2015）。在目前严峻的气候危机面前，如果各个国家不改变自己的想法与做法，不达成伦理共识，那么很难从根本上扭转趋势。

（三）全球气候治理安全化面临的法治挑战

在安全化过程中，行为体的选择欠缺或行动欠缺会造成"欠缺安全化"问题，即安全行为体在安全决策与安全行动中，或者把安全问题作为公共问题处理，在一定程度上轻视甚至忽视"安全问题"的存在；或者面对安全议程没能力或有能力而行动不到位，导致安全问题不能得到及时有效解决。"欠缺安全化"会导致安全危机的加深，或引发新的各类社会安全危机。对全球气候安全治理来说，法治是一个十分重要的方面。①

---

① 从全球治理的角度看，面对全球性问题，为避免国家权力相互冲突，人类社会通过国际合作制定国际规范，建立可预测的国际体系，逐步形成一个公平有效的全球化模式。法治可以通过制度保障国际安全，通过规范促进国际正义，通过共识促进国际发展，帮助人类建立和谐的世界秩序。可以说，法治不仅是维护国际社会秩序的有效途径，也是适应全球化时代的治理手段。从实践层面看，法治是人类（转下页注）

基于良好价值形成的全球性气候法律规范称为"国际气候良法"，而法律规范得以妥善实施称为"全球气候善治"。良法与善治是截然不能分开的两个方面。依照亚里士多德对"法治"的阐释，法治应包含两重含义：一是已有的法律得到普遍的遵从，二是大家所服从的法律本身应该是制定良好的法律（亚里士多德，1965：217）。简而言之，法治应该首先是良法，其次是法律得到很好的执行，即善治。康德认为，普遍意义上正义的实现是人类未来发展的终极目标，要想实现此目标，人类必须坚定地走法治之路（转引自雷裕春，2018）。

在传统安全领域，联合国安理会一贯重视法治的作用。联合国国际组织会议制定的联合国宪章曾经努力保证正义原则，倡导用法治指引联合国安理会的行动。① 同样，解决当代世界最紧迫的非传统安全问题，尤其是碳排放引致的环境恶化、资源耗竭、气候变化问题，都有赖法律提供基本的框架和指导。从全球气候安全法治来看，需要建立一个具有良好价值导向并能得到有效遵守实施的气候安全法律规范体系。

（接上页注①）推动全球治理的一种手段，法治在全球治理中的实践日益增多（黄文艺，2009）。

① 20世纪60年代开始，联合国安理会的政治行为与法治建立起日益密切的联系，依赖着法律，创制着法律；同时，越来越主张强化法治的重要性。2003年9月24日，联合国安理会就正义与法治的问题进行了辩论，最后形成了安理会主席声明，重申了安理会工作中法治的至关重要地位（何志鹏，2014）。

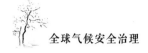

1. 全球气候安全治理的法治进度缓慢

气候安全威胁已成为全球共识。气候变化对人类生存的挑战，让世界各国都认识到抑制气温持续上涨的重要性，保护人类共同生活的地球家园刻不容缓。但各国出发点、立场、诉求等方面的差异，也影响着全球气候安全法治的进度。

法治的灵魂在于良法。如果没有良法，法治与人治或德治的界限将难以区分。在这个社会中，保护环境和促进经济增长之间存在矛盾。如何公平有效地应对环境问题，如何合理分配全球公共资源以促进可持续发展，这是国际社会一直都很关注的问题，而法律正是解决这两个问题的好方法（Louka，2006：121-132）。全球气候安全法治的基础是存在"好的""善的"法律，即国际气候良法。具体来说，国际气候良法需要符合以下几点价值要求。

（1）国际气候法律规则制定超越国家本位

人是人类社会一切思想、行为和制度的起点与归宿（何志鹏，2009）。人本主义是中国古代治国方略、天下理念的核心（阎学通、徐进，2009：58-63）。实际上，纵观各大文明的发展史，都有人本主义的思想存在，无一不闪耀着人本主义的光芒与辉煌。[1] 一直以来，国际法治强调以人为本的治理，而非以国家为导向的治理。因此，这些国际法治的规范应建立在以人为本的基础之上，即国际法的

---

[1] 例如，中国古代儒家思想的"仁者爱人"，墨家思想的"兼爱非攻"，佛教中的"慈悲为怀"，古埃及倡导的人与自然和谐相处观点，等等。

理念、价值、原则、规则、制度应该越来越注重个人和全人类的国际法地位，以及各种权益的确立、维护和实现（曾令良，2007）。

作为国际气候法治的价值要求，人文主义重视人类的安全、生存和发展。这既是规则的起点，也是规则最终的归宿。国际气候法治在促进物质经济增长的同时，还要推动人与自然的和谐发展。国际社会面临的越来越严重的气候威胁，并不是主要来自自然界的发展，而是主要来自人类自身的活动。从主观上来讲，国际社会的行为体和公众舆论普遍认识到气候安全问题的全球性。人类对于气候问题的跨国性和人类具有共同性的认识并非由来已久，只是到了21世纪初，人们普遍认为气候对人的安全造成了严重侵害。

环境伦理的兴起虽然也引起人类对人类中心主义的反思，但事实上人类并不能完全超越人类中心主义。人类社会的所有国际机制，都应该以谋求人类福祉为基础和目标。世界的和谐发展也必须以这样的人文立场为基础，以普罗大众的利益和幸福为出发点。只有将这一理念真正落实到国际规范和国际制度的制定与运作中，国际利益和国际意志的背后，只有体现人类的利益，才能表现出真正的和谐（何志鹏，2013：195－199）。即在确立国际制度、国际关系时，一定要考虑其能否促进本国人民、世界人民的和谐发展，否则就可能存在问题。那种强权争霸的思维，已经很难再铸就真正的和谐（张华，2007）。这种最终以人类的

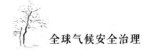

幸福与发展为立足点的理念落至全球气候安全法治，就必然要求全球气候安全法律在制定时不能以国家的需求为基点，而要以人的需求为基点。

（2）全球气候安全治理的法治需要多元行为主体参与

一个健康的社会应当是多元文化共同存在和发展的（杨发喜，2008：176-182）。法治存在，世界不一定会和谐，但一个世界若没有法治，肯定很难达到和谐状态（龚瑜，2006）。和谐的真谛在于接纳差异，尽管存在分歧，但个体和国家仍然各自寻求和维护自己的立场，进而在配合与合作的过程中形成整体秩序。尽管和谐的世界体系可能也存在一定的等级结构，但其不同于霸权体系中的等级秩序。这种秩序的领导者一般都是以道德优越性为基础，通过采取友好的、非对抗的方式，构建国际结构与秩序（易显河，2007）。目前，国家之间没有普遍的国际规则去建设一个领导所有国家的世界政府。因此，法治是实现当代理想国际秩序的必经之路，也是实现世界和谐发展的理想途径（古祖雪，2005）。

国际气候良法所要求的和谐，是指不同的国家和地区之间相互尊重彼此的文化和信仰，求同存异，谋求共同发展；在和谐的基础上形成互利共赢、共同进步的发展体系；通过资本、技术的互利合作，共同保护地球家园。全球气候安全法治还应在平等基础上平衡经济发展与气候行动之间的关系，实现人与自然的和谐发展。在和谐发展理念下推动的全球气候安全法治，可以使国际各个主体（各国家、地区、行业、群体）在气候合作的过程中达到互利共赢，实现经济发展和社会进步，进而实现建设清洁生态的美好愿景。

（3）可持续发展目标涉及"代际公平"与"绿色治理"

可持续发展是指同时生活在地球上的人们在考虑子孙后代发展可能性的同时得到公平的对待，甚至考虑人与动物、植物之间的公平关系。作为全球气候安全法治的价值导向，可持续发展理念要求在应对气候变化和推动气候安全治理中，更加审慎考虑人类的未来，在人与人、人与其他物种、人与自然之间建立更加公平合理的新秩序。新时代，人类共同追求的目标是以人为本的健康发展（马忠法，2019）。自工业革命以来，在近现代工业技术的作用下，人类在获得巨大物质财富的同时，也付出环境与资源方面的沉重代价。世界工业化过程中曾发生多起污染事件，如 19 世纪至 20 世纪 70 年代的八大环境公害事件①、印度博帕尔

---

① 因现代化学、冶炼、汽车等工业的兴起和发展，工业"三废"排放量不断增加，环境污染和破坏事件频频发生。在 20 世纪 70 年代，发生了 8 起震惊世界的公害事件：（1）比利时马斯河谷烟雾事件（1930 年 12 月），致 60 余人死亡、数千人患病；（2）美国多诺拉镇烟雾事件（1948 年 10 月），致 5910 人患病、17 人死亡；（3）伦敦烟雾事件（1952 年 12 月），短短 5 天致 4000 多人死亡，事故后的两个月内又因事故得病而死亡 8000 多人；（4）美国洛杉矶光化学烟雾事件（二战以后的每年 5~10 月），致人五官发病、头疼、胸闷，汽车、飞机安全运行受到威胁，交通事故增加；（5）日本水俣病事件（1952~1972 年间断发生），共死亡 50 余人，283 人因严重受害而残疾；（6）日本富山骨痛病事件（1931~1972 年间断发生），致 34 人死亡、280 余人患病；（7）日本四日市气喘病事件（1961~1970 年间断发生），受害者 2000 余人，死亡和不堪病痛而自杀者达数十人；（8）日本米糠油事件（1968 年 3~8 月），致数十万只鸡死亡、5000 余人患病、16 人死亡。

毒气泄漏事件①、苏联切尔诺贝利核泄漏事件等。这些类似的事件在当今快速工业化的国家仍在发生，严重影响了人类的可持续发展。当前国际社会需深刻认识到人类核心价值观和可持续发展的重要性，当代国际法治必须坚持可持续发展的目标和理念（汪自勇，1998）。

国际气候良法的三大价值要求相互依托、相互促进，其最终指向依然是以人为本。因为可持续发展必然是以人为基础的持续、以人的幸福为目的的发展，和谐共进必然是以人为本的和谐、以人的全面发展为追求的共进。因而，全球气候安全法治的终极理想就是尊重和保障人的发展、增进人类福祉、实现世界和谐与全社会可持续发展。

2. 全球气候安全治理的法治落地困难

在法制完善的社会体系中，形式要求和程序规范建立在实体层面的价值共识之上，可以循序渐进，为法治而奋斗；在法制不完善的国际社会中，不同国家的价值观可能存在差异（何勤华，2005：93-94）。因而，尽管国际法治应该包括或必然包括程序公平已成为共识，但如果没有善治层面的努力，良法就会成为一个空话（邵沙平，2004）。国

---

① 印度博帕尔灾难是历史上最严重的工业化学事故，影响巨大。1984年12月3日凌晨，印度中央邦首府博帕尔市的联合碳化物（印度）有限公司设于贫民区附近的一个农药厂发生甲基异氰酸酯（MIC）泄漏，引发了严重的后果，造成了2000~5000人直接死亡，受伤人数多达50万~60万。现在当地居民的患癌率及儿童夭折率，仍然因这场灾难而远高于印度其他城市。由于这次事件，世界各国化学集团改变了拒绝向社区通报的态度，亦加强了安全措施。这次事件也导致了许多环保人士和民众强烈反对将化工厂设于邻近民居的地区。

际法治的运行模式，应该既包括规范的制定和程序的运行严格遵循法治标准，也包括将规则作为主体的权利义务分配和社会秩序安排真正落到实处（Cassese，2005：154）。

（1）民主且透明的国际立法比较艰难

国际立法机制必须体现民主，确保公开透明。在立法过程中，应当采取专业人士与民主程序相结合的方式（布坎南等，2011）。国际立法应当通过适当的程序，让利益相关者有机会了解法律的内容并发表意见；而不是采取秘密协商的形式，使几个国家控制法律的内容和整体走向（古祖雪，2007）。如果没有合法的立法程序，立法内容难以令人信服。全球治理规则的制定必须以民主的方式进行。气候变化问题涉及许多高度专业化、技术化的方面。公民和社会组织在推动社会向气候中和转型过程中也发挥着强大的作用，同时民主且透明的立法方式可以推动全社会成员参与气候治理进程。但在国际关系民主化程度比较低的当今世界，实现民主且透明的国际立法十分艰难。

（2）自觉且普遍的国际守法状态期望过高

在守法方面，所有法律关系主体都应该在诚实信用的基础上，妥善遵守上述国际准则。没有规则，法治便无从谈起；虽有规则，规则却无法得到遵守，法治也是空谈（古祖雪，2012）。作为一个法治社会，法律规范应当得到全社会的普遍认可与遵守。行为体严格遵守法律，可以实现法律所期望的秩序，所有行为者也都可以在法律框架内，了解其行为可能产生的结果（Charnovitz，2006）。依法制

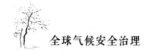

约和监督权力，是法治的重要环节（Simmons，2014）。全球气候善治也要求各行为体在无政府的状态下，普遍遵守国际气候法律规范，自觉履行义务（Guzman，2008）。

（3）权威且公正的国际司法机制相当薄弱

司法环节是确保法律良好运行的重要阶段。公正有效地进行司法活动，是法治的重要保障。只有建立更加公正、高效、权威的国际司法体系，落实义务，通过独立审判保障和恢复权利，国际法律秩序才能持续稳定（Chesterman，2008）。在国际问题上遇到争议时，可以通过诉诸司法加以解决（刘芳雄，2006）。国际司法结果反映的是法律规范的至高无上和规范的公正适用，而不是大国意志和强权政治。因此，为避免在应对气候变化过程中出现"集体行动的逻辑"，避免各国对国际气候法律规则采取投机取巧的态度，必须形成一系列有效的监督和执行机制，以实现全球气候安全法治。

3. 全球气候安全法治在实质与形式上的问题颇多

以《联合国气候变化框架公约》为代表的一系列与气候变化相关的国际法律规则逐渐形成，虽然这些规则与全球气候安全法治有相同的价值追求，但也存在诸多不足。

（1）保护主义与"本国优先"趋势日益强大

在极端天气频现、气候灾害频发的现实威胁下，国际社会虽然达成了携手应对气候变化的共识，但出现了逆全球化和保护主义抬头的趋势，国际气候法律规则无法阻挡气候政策的严重内顾倾向。美国出尔反尔地退出和重返

《巴黎协定》、波兰等国坚持以煤炭为主的传统能源结构、俄罗斯等国拒绝履行减排承诺等，这些气候政策中呈现的保护主义都对《巴黎协定》的实施造成了实质损害，使其温控等目标越发难以实现（梁晓菲，2018）。这种本国优先的保护主义，与真正的人本主义价值取向产生了矛盾。人本主义要求以人的生存和发展为立足点，但是国际气候法律规则中看似充满"人本主义"的规定实则难以落实。

（2）和谐共进的价值追求难以落实

避免全球气候治理中"集体行动的逻辑"的最好方式是互利共赢，但如何进行有效的合作，进而有效帮助发展中国家提升应对气候变化的能力，在气候变化谈判中时常由于种种原因而无法实现。在涉及气候安全的国际关系中，各方虽然时常姿态积极且表现为正和博弈，但由于气候安全问题不仅关涉环境、经济，更涉及重大的政治问题和国家安全等，因此虽然理论上设计了一系列满足和谐共进价值追求的方案和框架，但各自都从本国利益出发，都要竭力捍卫自己在国际竞争中的优势地位，导致最终难以实现和谐共进的价值追求。

（3）全球气候善治在法治各环节中障碍颇多

如前所述，全球气候善治需在立法、执法、司法、守法四个环节的运行过程中实现。当前国际气候法律规则在立法上的科学性、民主性等还有待验证。1990～2014年，政府间气候变化专门委员会出具的5份评估报告证实了人类活动对气候变化产生的直接影响，但仍有学者对 IPCC 的

论断持怀疑态度。在此情境下开展的国际气候谈判、形成
的国际气候法律规则是否具备足够的科学性值得商榷。同
时，国际气候法律制度未得到普遍且严格的遵守。《巴黎协
定》要求所有缔约方都朝 2℃的温控目标努力，但事实并
非如此。诸多国家如美国、加拿大、墨西哥，没有兑现在
坎昆气候大会上做出的减排承诺。作为全球环境法治的核
心部分，全球气候安全法治中存在的最大问题亦在于执法、
司法问题。

第四章 中国参与引领全球气候安全治理何以可能

中国从 1992 年开始参与全球气候治理，经历了从谨慎保守到积极参与甚至引领的阶段。在过去 30 多年里，中国从不同角度参与全球气候治理，观察了欧盟和美国的模式，积累了宝贵的经验和教训。中国经济的高速发展为其参与引领全球气候安全治理奠定了物质基础，同时绿色低碳可持续经济发展模式为全球气候安全治理提供了路径参考。

一 "京都进程"中的实践与经验

（一）《京都议定书》达成及其意义

1990 年 12 月，联合国大会正式启动了"政府间谈判委员会"关于达成一项全球性气候公约的多边谈判。1992 年 5 月 9 日，《联合国气候变化框架公约》（以下简称《公约》）通过。《公约》于 1994 年生效之后，实现了取消任何强制性的减排约束性指标的谈判目标，国际气候变化谈

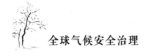

判进入拟定《京都议定书》的磋商时期（薄燕，2007：86）。这期间的主要任务，就是确定发达国家的减排义务。在谈判磋商的过程中，发达国家试图增加发展中国家的减排义务，与发展中国家进行了激烈争论（高翔，2016）。在众多发展中国家的积极推动和坚持不懈努力下，《京都议定书》最终签署，不仅彰显了世界各国对于共同承担减排义务与责任的决心，而且体现了根据不同国家的实际情况，采取"共同但有区别的责任"原则进行的差异化安排。这一里程碑事件标志着人类历史上第一次以统一的意志和法律形式，共同尝试对抗温室气体排放等问题（李威，2016）。一方面，《京都议定书》的生效确保了2008~2012年第一承诺期内国际碳减排行动得到国际法的坚实保障。这不仅体现了国际社会对气候变化问题的紧迫关注，也展示了全球合作减排的决心和行动。另一方面，随着《京都议定书》的推进，国际社会逐渐认识到，2012年后需要更加迫切地将气候谈判的焦点转移到更为广泛的国际气候变化应对行动上。这一转变强调了不断更新国际环保策略的重要性，以达成更为广泛和有效的全球应对气候变化的新协议（Grubb et al.，1999：57）。《京都议定书》的实施与成效，不仅是对过去环境政策的延续和发展，更为未来国际气候行动奠定了基础，为全球气候治理提供了宝贵的经验和框架。随着全球气候变化的影响日益显著，各国必须继续加强合作，共同推进气候治理，以应对这一跨国界、影响深远的全球性挑战。

（二）积极的欧盟与消极的美国

欧盟在《京都议定书》的谈判过程中起到至关重要的作用。它不仅引领了整个"京都进程"，还为谈判方案提供了核心的建议，大大推动了议定书的发展与最终形成。这一角色使欧盟在全球环境政治中显得尤为关键，其坚定的环保立场和对国际合作的推崇，为《京都议定书》赢得广泛的国际支持和实施的动力。尽管美国在 2001 年宣布退出《京都议定书》，这一决定给国际气候政策合作带来不小的挑战，但欧盟没有因此动摇。相反，欧盟的决策层加大了外交努力，成功地促使包括许多发达国家和发展中国家在内的广泛国家群体，继续遵守并执行《京都议定书》的规定。欧盟通过巧妙地平衡各方利益和诉求，展示了其在国际谈判中协调和领导的高超技巧。① 此外，欧盟充分意识到，仅依靠《联合国气候变化框架公约》内的机制，不足以应对日益严峻的全球气候挑战。因此，欧盟积极探索并推动了该公约之外的气候治理机制，这些机制在全球气候治理中发挥了重要作用。为了加强国际合作，欧盟不仅与

---

① 一是欧盟气候问题范围扩大和深化。欧盟发布多项政策文件，明确了发达国家减排、发展中国家适度减排、碳交易与监管、碳核查程序等规定，将欧盟气候问题从原来狭隘的环境保护问题，如控制环境污染、保护饮用水健康、处理危险化学品等，逐步扩大到所有与气候相关的问题，如气候、能源、碳交易、低碳经济、自然资源、野生动物保护、生产和消费等。二是欧盟气候领域向其他领域的扩展。通过气候治理，欧盟将自身规则融入国际气候机制建设，实现自身规则向外扩展，在应对气候变化方面取得先发优势。其气候领域已延伸至经济、政治、外交等领域，对贸易和文化产生了一定的影响。

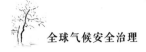

具有类似气候安全和环境保护诉求的国家或组织建立了联盟，还与它们共同发表了多份关于气候变化的联合声明，形成了一个广泛的国际合作网络。通过定期组织和参与各种国际会议、论坛和讨论，欧盟进一步加强了与这些国家或组织的合作关系，并在全球气候谈判中提升了自己的影响力和话语权。这些国际活动不仅提供了交流思想和共享最佳实践的平台，而且强化了各国间在应对气候变化方面的共识和协同努力。欧盟的这些外交活动和努力不仅彰显了其在全球气候治理中的积极角色和领导地位，也体现了其对于推动国际社会朝更可持续和环境友好方向发展的坚定承诺。通过这种方式，欧盟不仅加强了国际合作，还为全球气候治理构建了一个更为协调和统一的行动框架，有效地推动了全球对气候变化的应对。

2001 年，小布什在接替克林顿成为美国总统后，做出一个震惊国际社会的决定——宣布美国退出《京都议定书》。这一行为不仅直接反映了美国在国际气候政策上的单边主义趋向，而且加剧了美国与发展中国家在国际气候合作中的裂痕与分歧，进一步拉大了双方在环境政策上的距离（Loy，2001）。美国的退出对全球气候治理构成了重大挑战。作为当时世界最大的温室气体排放国，美国的不参与使《京都议定书》面临生效的重大障碍。根据《京都议定书》的规定，该协议要想生效，必须得到温室气体排放量占工业化国家温室气体排放总量 55% 以上的国家批准。在美国退出后，这一目标难以达成，该协议的前途一度岌岌可危。

然而,面对美国的退出和国际压力,欧盟并没有放弃。相反,它开始投入巨大的外交资源,通过积极的气候外交,努力推动《京都议定书》的签署和生效。欧盟的这一决策不仅是对美国立场的直接反驳,也标志着其从美国气候政策的追随者转变为领导者。在这一过程中,欧盟的气候政策经历了显著的转变。在 20 世纪八九十年代国际气候谈判的初期,欧盟多半跟随美国的步伐。然而,进入 21 世纪,尤其是在《京都议定书》谈判过程中,欧盟开始形成并推动自己独立的气候政策。它不仅加强了与自身成员国的协调,还扩展了与其他国家和地区的合作,特别是那些同样支持《京都议定书》的国家。到了 2005 年 2 月,经过欧盟的不懈努力和国际社会的广泛支持,《京都议定书》终于达成了生效的条件并正式生效。这一成就不仅标志着国际社会对抗全球气候变化的坚定决心,也显示了欧盟在国际舞台上的领导力和影响力。欧盟的这些行动也反映了其对环境保护的深刻承诺和对多边主义的坚持。欧盟通过组织和参与各种国际会议,加强与其他国家的气候对话和合作,有效地填补了由美国退出留下的空白。它不仅在欧洲内部推动严格的环境标准和政策,还在国际上倡导可持续发展和环境保护。

从总体来看,美国退出《京都议定书》虽然一度给国际气候合作带来不确定性,但也激发了欧盟等其他国家和地区推动全球气候治理的决心和能力。这一过程不仅展现

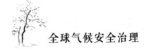

了国际社会在面对挑战时的团结，也证明了多边合作在解决全球性问题中的不可或缺性。通过这些努力，欧盟不仅巩固了自己在国际气候政策中的领导地位，也为全球环境治理提供了新的思路和方案（Eboli and Davide，2012）。

（三）中国的充分严谨与相对犹豫

中国在国际气候变化谈判中的立场历来强调不承担与发达国家相同的量化减排义务，这是基于其发展中国家的身份和差异化责任的原则。尽管如此，中国一直致力于以更加灵活和建设性的方式参与全球气候治理。这种转变和努力主要体现在以下几个方面。首先，关于绿色环保和可持续发展的策略，中国已从最初的观望态度，转变为积极参与和支持国际环保行动。这种变化不仅反映在政策和宣言上，更通过实际行动展现出来。例如，中国大力推广使用可再生能源，如风能和太阳能，并在全国范围内实施了大规模的绿化项目和污染控制措施，显著提升了国内的环境质量。其次，在资金援助与技术支持方面，中国历来强调发达国家应为发展中国家的气候行动提供支持。然而，随着经济的快速增长和技术的持续进步，中国开始倡导基于互利的合作模式，推动技术交流和经验分享，促进全球气候行动的共赢。这一变化不仅加强了中国与其他国家的合作关系，也提升了中国在国际舞台上的影响力和话语权。最后，中国在国际气候合作的策略上，也从单一依赖《联合国气候变化框架公约》和《京都议定书》转向探索更多元化的合作方式。这包括参与多边环境协议，建立双边和区域合作机制，在全球环境治理中扮演更为积极的角色。通过这种方式，中国不仅为全球环境保护贡献了自己的力量，也为其他发展中国家提供了可借鉴的经验（张海滨，2006）。

但是，在这一转型的过程中，中国在国际气候谈判能力和经验方面还存在一些不足。例如，在参加国际谈判和会议的过程中，中方往往缺乏科研支持和策略准备，使代表团难以详尽支持自身立场，或有效评估其他国家提案。此外，中方对相关环境问题和国际法律政策的研究不足，影响了谈判的主动性和影响力。

尽管面临这些挑战，中国仍然显示出向国际社会学习并快速提升自身谈判能力的决心。通过不断增强国内的科研能力，扩大国际交流，以及加强对国际法律和政策文献的研究，中国逐渐提升了自己在国际环境议题中的参与度和影响力。在全球气候变化的大背景下，中国的这些努力显得尤为重要。随着全球气候政策的不断发展和国际合作的深入，中国已经意识到，只有通过积极参与和引领国际谈判，才能确保自身发展利益与全球环境保护目标的双赢。因此，中国不仅在国内外推广绿色低碳技术，还积极参与国际气候资金和技术互助计划，努力成为全球环境治理中的建设性力量。总之，中国在国际气候谈判中的角色和策略正在发生深刻的变化。从最初的保守和被动，到现在的积极参与和策略转变，这一路的进展标志着中国作为一个负责任的大国，正逐步提升其在全球气候治理中的地位和

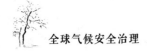

作用。这不仅有助于推动国际社会更广泛地实现可持续发展目标，也为中国自身的长远发展提供了宝贵的国际合作经验和战略资源（张海滨等，2021）。

（四）美国的又一次"变卦"

在气候变化问题进入国际政治议程后相当长的时期内，美国先是反对量化减排，后来又退出《京都议定书》，因此被视为应对气候变化国际合作的阻挠者。长期扮演国际气候合作的阻挠者角色，不但没有帮助美国达到预期的气候外交目标，反而严重地制约了其软实力的拓展空间。但不可否认的是，美国气候外交政策在小布什政府宣布退出《京都议定书》后一度发生重大转变，在一定程度上改变了美国在国际气候合作中的形象，也在促进气候变化安全化国际趋势的形成方面发挥了重要作用。

因拒绝批准《京都议定书》，美国在"京都进程"中相对边缘化。但作为世界大国的美国并不甘心，《京都议定书》一生效，就趁机利用未明确承诺在"京都"模式下向发展中国家提供技术转让这一缺陷，于2005年和中国、日本、韩国、澳大利亚、印度建立了"亚太清洁发展与气候新伙伴计划"（The Asian-Pacific Partnership on Clean Development and Climate）。① 这既满足了中国和印度等发展中国

---

① "亚太清洁发展与气候新伙伴计划"是亚太地区的区域性合作新机制。不同于《京都议定书》，它是一个自愿的、没有法律约束力的国际合作框架，主要通过伙伴国之间的技术交流和转让，减少气候变化带来的负面影响，没有规定每个国家的硬性减排指标。

家对技术转让的需求，也为美国等尚未批准《京都议定书》的国家提供了新机遇，为国际气候合作开辟了新的通道。这是对《京都议定书》局限性的又一次克服。

　　美国奥巴马政府气候外交政策发生转变，可以从美国在 2007 年 4 月召开的联合国安理会第 5663 次会议和 2011 年 7 月召开的联合国安理会第 6587 次会议上明显的态度变化中看出来。在 2007 年联合国安理会召开的公开辩论上，美国总体上采取比较消极的态度。对于气候变化是否属于安全事务范畴，美国代表认为，人类面临的最大的挑战来自气候变化。他在发言中称，气候变化显然是一个严峻挑战，气候变化、能源安全和可持续发展之间是相互关联的关系。美国的表态模棱两可，既没有像欧盟那样明确肯定气候变化是一个安全问题，也没有坚决主张气候变化不属于安全范畴。另外，美国认为解决气候变化问题的关键在于发展经济。美国代表在发言中大谈经济发展对应对气候变化挑战的重要性，认为经济增长可以为发达国家和发展中国家提供有效资源，以应对气候变化挑战。美国政府的意思本质是希望借此引导国际社会在气候变化合作中把注意力主要集中到经济层面，而不要在更高级别的政治层面讨论和处理气候变化问题。这实际上试图冲淡欧盟等设定的把气候变化纳入国际安全议程的会议主题，其主要目的是帮助美国在气候变化问题上避免承受更大的国际政治压力。

　　《巴黎协定》的达成取得非凡的成就，奥巴马政府也在联合国气候变化谈判、推动《巴黎协定》达成的过程中扮演了关键角色（巢清尘等，2016）。特朗普上台之后，不仅彻底取消了奥巴马时期的气候政策，而且在2017年6月正式宣布退出《巴黎协定》。这一声明在国际社会引发轩然大波，甚至遭到美国国内的强烈反对（董亮，2018）。特朗普认为，《巴黎协定》的很多内容并不关涉气候问题，会让美国工人和纳税人承担失业、低工资、工厂倒闭和经济产出大幅减少带来的不利后果。然而，2021年，拜登正式宣布美国重新加入《巴黎协定》，他签署行政命令，正式向联合国框架公约秘书处提交重新加入文书。随后，在担任总统不到一个月的时间里，拜登先后签署了一系列关于气候的行政命令和政策声明。① 拜登在执政期间，在国内外事务中不断发力，将应对气候变化纳入治理的核心位置。这体现了拜登政府与以往不同的治理理念（肖兰兰，2021）。

二　中国在全球气候治理中的"积极挺进"

中国共产党几代领导集体高度重视生态文明建设，习近平总书记更是在国内外多个场合阐述了中国应对气候变化的决心、理念和行动。因此，不同于美国气候变化政

---

① 例如，《关于保护公众健康和环境恢复科学应对气候危机》和《关于应对国内外气候危机》等一系列行政命令和政策声明。其中，包括"重建和加强难民安置计划和规划气候变化对移民的影响"和"启动美国创造就业机会和应对气候危机的创新计划"，涵盖气候政策、能源政策和更广泛的环境政策。

策因领导人换届而出现的"忽明忽暗"的情况，中国不仅没有出现这种变幻莫测的政策局面，而且在全球气候治理中体现出一种更加稳定的态度。

（一）中国在全球气候治理中积极贡献了中国理念

中国在全球气候治理中积极提出，应对气候变化，要坚持人类命运共同体理念与生态文明理念，坚持共同但有区别的原则，维护发展中国家的基本权益。这种理念日益获得全球的认可与重视。

2017 年 1 月 18 日，习近平主席在瑞士日内瓦万国宫发表的《共同构建人类命运共同体》主旨演讲，非常契合"共商共筑人类命运共同体"的会议主题，也是对人类面临的共同问题提出的中国智慧和中国方案。在演讲中，习近平主席就人类命运共同体理念向全世界做出阐释，主张共同推进构建人类命运共同体，呼吁世界各国并肩携手共同推进这一人类历史上的伟大历程。人类命运共同体的实现途径，就是必须坚持对话协商、共建共享、合作共赢、交流互鉴、绿色低碳，目标就是建设一个不仅清洁美丽的世界，而且持久和平、普遍安全、共同繁荣、开放包容、人类共享共赢的世界。① 2021 年 4 月，习近平主席在领导人气候峰会上发表重要讲话，从人类文明高度，深刻反思了气候变化等全球性问题的根源。在会上，习近平主席基

---

① 《习近平出席"共商共筑人类命运共同体"高级别会议并发表主旨演讲》，http://www.xinhuanet.com/world/2017-01/19/c_1120340049.htm。

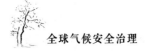

于生态文明理念，提出"六个必须坚持"的具体主张，阐述了中国应对全球气候变化的理念。中国的主张和行动在国际社会中逐渐形成广泛共识，特别是其提倡的人类命运共同体和生态文明理念。这一理念不仅体现在多边环境治理的高层次会议上，也渗透到具体的政策和国际合作中。在 2022 年举行的第 27 届联合国气候变化大会（COP27）上，中国积极倡导发展与环境保护的平衡，强调对发展中国家的特殊需求和情况应给予足够考虑。中国代表团推动了一系列关于气候资金和技术转移的倡议，以帮助低收入国家增强气候行动的能力。此外，中国在会上强调了绿色"一带一路"的倡议，该倡议计划通过基础设施建设与环保项目相结合，推广绿色低碳技术和可持续发展策略，为参与国家提供具体的发展模式。2023 年，在多个国际场合，中国继续扩大其在全球气候政策中的影响力。特别是在全球生物多样性大会（COP15）的第二阶段会议上，中国再次强调了生态文明建设的重要性，并倡导通过增强生态系统的恢复力和保护生物多样性应对气候变化。中国的这些努力对全球环境治理框架产生了积极影响，也促进了国际社会对可持续发展目标的共同承诺。进入 2024 年，中国在世界经济论坛（达沃斯论坛）上提出加强国际气候治理机制的新提案，包括改进全球环境监测系统、建立更公平的气候资金分配机制以及推动建立全球碳定价机制。这些倡议得到许多国家的支持，尤其是那些受气候变化影响最严重的国家，它们认为这能更好地反映全球南方国家的利益与需求。

在这几年的发展中，中国不仅积极表态支持全球气候治理，更通过具体行动展示了其对国际合作和环境保护的承诺。中国在国内外大力推广绿色发展理念、加大对可再生能源的投资以及在国际舞台上持续做出外交努力，都为建设一个更加和平、安全、繁荣和包容的世界做出积极贡献。这种从国内政策到国际倡议的全方位推进，不仅强化了中国在全球气候治理中的引领地位，也体现了中国对全球环境问题的深刻认识和积极应对姿态。

（二）中国在全球气候谈判的重要环节发挥了关键作用

中国在全球气候谈判中的影响和贡献，显著体现在多个重要的国际气候变化框架和议程中。例如，在2009年举行的哥本哈根气候大会上，虽然最终没有达成全球性的法律约束协议，但中国的角色至关重要。中国提出自愿减排目标，承诺到2020年单位国内生产总值二氧化碳排放比2005年下降40%~45%。这一承诺在会议上被视为发展中国家在减排方面的重大贡献，增强了发展中国家在谈判中的发言权。近年来，中国在推动建立全球碳市场和碳定价机制方面也展现了积极态度。中国在国内建立的全国碳排放权交易市场，预计将成为世界最大的碳市场。这不仅有助于中国实现自身的减排目标，也可以为全球碳市场的发展提供重要经验。另外，中国在《巴黎协定》的达成上，亦具有重大的贡献。

《巴黎协定》的达成是全球气候安全治理的标志性成果，是世界各国一同应对气候变化与开展相关国际合作的制度基础。虽然中国在《巴黎协定》的达成中起到中流砥柱的作用，但是国内外对于中国的努力知之甚少。值得一提的是，2020年，长期担任国际气候变化谈判中国政府代表团团长的解振华先生撰文，对这一问题做了系统、权威的阐述。① 他提到，中国国家领导人在《巴黎协定》达成、签署、生效和实施的各个阶段都做出突出贡献，取得历史性成就，应该得到国际社会的一致认同与普遍赞誉。突出贡献主要表现在，中国在巴黎气候大会召开之前，就积极主动通过元首外交推进气候磋商，为达成《巴黎协定》做了准备工作，为《巴黎协定》的签订做出积极的贡献。同时，中国积极落实党中央批准的谈判方案，为推动多边进程进一步取得成功奠定了坚实的基础。例如，帮助主席国和联合国推动大会取得成功、与发达国家保持对话沟通、坚定维护发展中国家共同利益等。更可贵的是，经过多年参与的气候变化国际谈判，还培养了国家在应对气候问题上的谈判生力军。相比其他很多国家队伍，中国的谈判队伍在年龄上，整体平均年轻10岁左右，以"70后""80后"为主。

《巴黎协定》签署后，中国一直坚持新发展理念，将绿色、低碳、环保的原则贯彻于政策制定和制度执行的每一个环节。中国致力于推动社会经济的高质量发展，严守气

---

① 解振华：《坚持积极应对气候变化战略定力 继续做全球生态文明建设的重要参与者、贡献者和引领者——纪念〈巴黎协定〉达成五周年》，https://www.thepaper.cn/newsDetail_forward_10400275。

候安全的红线，履行了在《巴黎协定》中的所有承诺。通过这些行动，中国不仅在国内推动了绿色转型，也为全球气候安全治理贡献了自己的力量。进一步而言，中国的气候行动也是其国际责任感的体现，符合习近平主席提出的构建人类命运共同体的理念。通过在全球气候治理中的积极参与和引领，中国展现了其作为一个负责任大国的形象，为全球环境保护和可持续发展树立了典范。总的来说，中国在《巴黎协定》各个阶段的贡献标志着其在全球气候治理中的积极角色和引领力，不仅推进了全球气候安全治理的进程，也为全球合作提供了宝贵的经验和框架。这些成就和努力不仅应受到国际社会的一致认同，更应得到普遍的赞誉和尊重。

（三）中国积极推动南南合作和主动增强援助能力

随着成为世界第二大经济体并保持持续高质量的发展，中国的综合国力显著增强。在这样的背景下，中国不断加大对发展中国家在气候安全问题上的支持和帮助，体现了合作共赢的理念和作为大国的国际责任感。中国在解决全球气候变化问题上，特别强调南方大国的独特角色和挑战，与北方发达国家在资金、技术支持、减排责任等方面的立场存在显著差异。北方国家主张南方国家应采取与自己同等严格的减排措施，而南方国家强调发达国家在历史上的排放责任以及提供技术和资金支持的必要性。在这种背景下，中国推动南南合作，旨在强化发展中国家间的团结与协作，共同应对气候变化的挑战。

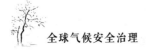

近年来，中国积极推动气候变化领域的南南合作，特别注重以下几个方面。在清洁能源项目建设方面：通过"一带一路"倡议，中国在全球范围内推广绿色、低碳的能源解决方案。这包括在参与建设风电、太阳能等清洁能源项目时，减少对化石燃料的依赖，促进能源结构的转型和升级。在财政资金支持方面：2013～2018年，中国对外援助总额达到2702亿元人民币，涵盖无偿援助、无息贷款和优惠贷款等多种形式。① 通过这些资金，支持了包括气候变化适应和减缓项目在内的多种环保项目。在技术转移和能力建设方面：中国利用气候变化南南合作专项资金，捐赠应对气候变化所需的物资和设备，尤其是向小岛屿国家、非洲国家和最不发达国家提供支持。同时，组织举办南南合作研讨会，分享中国在气候变化应对方面的经验和技术，帮助这些国家提高自身的应对能力。在政策对话与国际倡议方面：中国在国际舞台上积极倡导维护发展中国家的利益，推动全球气候治理体系更公平地反映发展中国家的需求和声音。通过参与全球气候治理和多边环保谈判，中国不断提升发展中国家在国际环境政策中的话语权。

这些举措不仅加强了中国与其他发展中国家的合作，也有效提升了全球对气候变化的整体应对能力。中国的行动展示了其作为负责任大国的形象，及其在全球环保与气候治理领域建设性和引领性的作用。中国旨在通过这样的

---

① 《新时代的中国国际发展合作》白皮书，https://www.gov.cn/zhengce/2021-01/10/content_5578617.htm。

南南合作，构建一个共同繁荣、环境友好的国际社会，共同应对气候变化带来的挑战。

三　经济发展为中国参与引领全球气候安全治理奠定基础

（一）物质基础：中国经济的高速发展

中华人民共和国成立之初，经济基础很薄弱。从目前来看，总体上中国成功地淘汰了剥削制度，提高了人民生活水平，完成了前期积累，实现了社会主义工业化，在经济建设方面取得巨大成就。虽然 2008 年的金融危机使各层次、多领域的世界多极化越发突出，但在经济全球化的浪潮中，中国通过 40 多年的改革开放，坚定不移地推进社会主义市场经济体制改革，大力推动经济建设，促使经济快速平稳地增长。这一方面的突出成就表现在经济贸易和对外投资的规模上，为社会经济等全方位的发展奠定了殷实的基础。中国现已成为世界第一大货物贸易国和第二大服务贸易国，这都是中国经济稳步发展和综合国力提升的表现。中国制造业总体规模连续 14 年居世界第一。① 40 多年来，人民生活水平不断提高，推动中国成为世界最大的消费市场。尤其是中国特色社会主义进入新时代，中国作为负责任的大国，在全球率先提出并积极践行"开放、包容、

---

① 《工信部：我国制造业总体规模连续 14 年位居全球第一》，https://www.chinanews.com.cn/cj/2024/01-19/10149059.shtml。

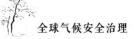

合作、共赢"的双赢精神，提出并积极推进共建"一带一路"国家和地区的建设与发展，构建人类命运共同体，极大地促进了经济全球化向纵深发展，为贸易自由化提供了更加公平和宽广的舞台。许多国际企业在这一过程中，得到跨越式发展。

改革开放40多年来，中国的经济发展获得世界瞩目的成就，经济高速增长30多年（许文立等，2021）。可以说，如此高的经济增速和长期稳定的发展，在人类经济历史中是罕见的。而这正是全球气候治理所必需的条件，全球气候治理主体的态度因其经济发展程度的不同而呈现不确定性。20世纪80年代后期以来，欧盟及其主要成员国积极参与全球气候变化治理工作十余年。到21世纪初，它们在全球气候治理中产生非常重要的话语影响，为全球气候治理做出突出贡献。但2008年的金融风暴以及欧盟成员国经济下滑，再加上英国脱欧，都使欧盟没有大量精力再投入全球气候治理中，其引领力也受到巨大冲击。同样，美国退出《京都议定书》在一定意义上也是出于本国经济的发展颓势。因此，健康且稳定的经济发展在全球气候治理中拥有不可或缺的地位。

（二）路径创新：中国发展模式的绿色低碳化

气候问题是各国政要在到访中国时非常关注的话题。但是，对于中国来说，国内环境问题是我们最初关注最多的话题，对全球气候变化的注意相对没有国内的环境问题多。尽管环境保护一直是中国的基本国策之一，党中央也很重视环境保护问题，但在全国上下齐心协力促发展的过程中，传统工业占有很大比重。传统工业在促进经济发展的同时，造成了一定的环境污染问题。在 2009 年的联合国气候变化大会上，发达国家提出到 2050 年减排 80% 的目标。这一目标无疑是对发展中国家的相对剥夺，无法满足正在发展中的绝大多数国家的需求。但是，这一次会议也让中国和其他国家进一步认识到绿色低碳发展的重要性。

随着经济的发展和环境问题的出现，中国及时地提出"绿水青山就是金山银山"的绿色低碳发展理念，逐渐成为各国的共识。特别是进入 21 世纪以来，随着气候变化带来一系列全球性问题，围绕气候变化的谈判与合作逐渐增多，发展低碳经济逐步被各国接受。中国在国际社会和自身的经济发展中，也积极倡导建设资源节约型、环境友好型社会，将生态文明纳入"五位一体"的社会发展理念。2015年《巴黎协定》这一标志性文献的通过，说明绿色低碳的经济社会发展已成为全球共识。

党的十八大之后，中国的绿色低碳发展开始进入新的发展阶段。从 2009 年到现在，十多年过去了，不仅发达国家进一步提出净零碳排放，以中国为引领的很多发展中国家也提出碳中和目标。根据生态环境部 2020 年公开的数据，可再生能源的技术进步与发展，成为中国可再生能源产业发展的强有力基础。连续多年稳居全球第一的可再生能源领域专利数、投资额、装机量和发电量，使中国很多企业转型到可再生能源行业，中国可再生能源投资已经连续 5 年超过 1000 亿美元。① 中国规模以上企业单位 2019 年工业增加值能耗比 2015 年累计下降超过 15%，这相当于节能 4.8 亿吨标准煤，节约能源成本约 4000 亿元。2010 年以来，中国新能源汽车销量占到全球新能源汽车销量的 55%，以年均翻一番的速度快速增长。② 虽然中国总体上仍处在"环境库兹涅茨曲线"拐点期，生态环境压力依然很大，单位 GDP 能耗高于世界平均水平，但是作为负责任的大国，在巨大的压力面前，中国仍在 2020 年 9 月的第 75 届联合国大会一般性辩论上向全世界宣布，中国将采取更强劲的政策和措施，加大科研投入力度，力争二氧化碳排放于 2030 年前达到峰值，努力争取 2060 年前实现碳中和。③ 虽然作为发展中大国，减排绿色发展的压力巨大，但是作为一个负责任的发展中国家，中国毅然决然地担负起责任和使命，向世界表明了在全球变暖、气候安全威胁的情况下中国主动应对的态度，更向全世界人民阐明了中国走绿色低碳发展之路的决心和信心，也做出了作为世界工厂向世界负责任的庄严承诺。中国的大国担当，得到国际社会的高度评价。但同时，我们必须时刻清醒地认识到，作为发展中大国，中国在实现"碳中和"过程中的挑战和压力，比发达国家和其他发

---

① 《生态环境部召开 9 月例行新闻发布会》，https://www.mee.gov.cn/ywdt/zbft/202209/t20220929_995277.shtml。

② 《生态环境部 9 月例行新闻发布会实录》，https://www.mee.gov.cn/xxgk2018/xxgk/xxgk15/202009/t20200925_800543.html。

③ 《习近平在第七十五届联合国大会一般性辩论上的讲话（全文）》，http://www.xinhuanet.com/politics/leaders/2020-09/22/c_1126527652.htm。

展中国家大得多。2020 年 12 月 12 日，习近平主席在气候雄心峰会上，继续阐明了中国碳达峰与碳中和目标的具体安排和规划：到 2030 年，中国单位国内生产总值二氧化碳排放将比 2005 年下降 65%以上，非化石能源占一次能源消费比重将达到 25%左右，森林蓄积量将比 2005 年增加 60 亿立方米，风电、太阳能发电总装机容量将达到 12 亿千瓦以上。[①] 中国坚持的"创新、协调、绿色、开放、共享"新发展理念、发展绿色低碳经济的宝贵经验，是以发展中大国的国情为基础，以超越民族国家和意识形态的"人类命运共同体"理念为导向，为世界各国尤其是发展中国家推进全球气候安全治理提供的思想之源和宝贵案例。

（三）国家能力：中国环境治理、气候援助力度加大

中国在环境污染治理上的投资越来越多。20 世纪 80 年代，中国在环境污染治理方面的投资金额为 25 亿~30 亿元/年，到了 80 年代末期，投资额一度跃至 100 亿元/年。中国在 21 世纪初加大了对环境问题的治理，2007 年将环境保护正式纳入国家财政预算，并出台了一系列的政策法规，如《关于加强培育和发展战略性新兴产业的决定》《大气污染防治行动计划》《水污染防治行动计划》《中华人民共和国国民经济和社会发展第十三个五年规划纲要》等。[②] 中

---

① 《习近平在气候雄心峰会上的讲话》，http://www.xinhuanet.com/politics/leaders/2020-12/12/c_1126853600.htm。

② 《近几年，中国环境污染治理行业投资总额在国民经济中的地位占比情况，及未来成长空间解读》，https://www.chyxx.com/industry/201904/732895.html。

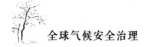
国的环境治理措施有效地促进了水和大气的污染治理。进入 21 世纪的第二个十年，中国用于环境保护和治理的经费逐年攀升。2014 年，中国环境污染治理投资 9575.50 亿元；2017 年，中国环境污染治理投资达到 9539 亿元，比 2001 年增长 7.2 倍。[①] 同时，在以人民为中心的社会治理理念指导下，中国在一心一意谋发展的同时，在促进社会经济发展的过程中，更加关注民生问题，可以从城市环境基础设施建设投资一项窥见一斑，2020 年，城市环境基础设施建设投资 5236 亿元，比 2012 年增长 36.2%。[②]

---

① 国家统计局：《环境保护效果持续显现 生态文明建设日益加强——新中国成立 70 周年经济社会发展成就系列报告之五》，http://www.stats.gov.cn/ztjc/zthd/sjtjr/d10j/70cj/201909/t20190906_1696312.html。
② 《党的十八大以来经济社会发展成就系列报告：生态文明建设深入推进 美丽中国引领绿色转型》，https://www.gov.cn/xinwen/2022-10/09/content_5716870.htm? eqid=8d3d72f90005a7ac00000002645718ca。

第五章　全球气候安全治理的中国探索

一　全球气候安全治理的理念提升

（一）以"类安全"为价值基点

要寻求全球气候安全治理的正确道路，对其进行深刻研究与反思，必须从人类的"类性"①上寻找其价值基点。"类安全"主要是针对之前人类有关安全问题的理论与实践不足，尤其是针对当前仍处于主导性地位的传统安全与非传统安全的理论与实践局限和困境，而提出的力图用以解决人类面临的诸多安全困境的新的安全理论。基于原有的单纯以血缘安全、国家安全和其他方面的安全为核心的安全理论的缺陷与局限，"类安全"观强调，要更好地解决人

---

① "类性"即人的"类特性"或"类本性"。"类"是一个与"种"相对立且具有不同性质的概念，"种"是在生物进化基础上形成的对动物属性的存在规定，如本质的先定性、自然性、相对固定性、与生命活动的直接同一性、无个体性等，而人走出动物家族，正好是以其"类"的本质（如本质的后天生成性、自主自为性、动态性、生命活动的自我否定性、个体性等），扬弃了"种"的本性。参见 Gao and Yu（2001）。

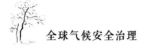

类面临的安全问题，摆脱当前的"安全困境"，需要把安全问题关注的核心放于人这个作为"类"的整体之上，也就是只有从"类"的视角去审视人类的安全问题，才能最终较为彻底和有效地解决人类面临的"安全困境"。这正是全球气候安全治理所需要的价值基点。

走向类的存在，是人类发展的未来。能否实现这个理想，取决于我们能否走出自我封闭的状态。只有每个人获得类本性，每个民族国家获得世界性，人类才能走出困境，走向未来。把这个可能变成现实的追求，呼唤着"类"的理念。人的类本性是人类发展的确证，任何背离人的类本性的观念与行为，都不能给人类带来真正的发展（高清海等，1998：265）。因此，人类安全的最终获取，有待对以往安全观的超越，最终形成并践行"类安全"观。实质上，"类安全"观的形成，在很大程度上取决于人类在多大程度上形成"类"理念，最终形成"类"的存在体，并在此基础上形成共同的"类安全"观。"类安全"观实质上是指具有不同文化、价值背景等的人们之间在相互尊重、"和而不同"和求同存异的基础上，把人的安全作为一种"类"的存在体的安全加以考察，在关照作为个体的人的安全基础之上，又超越个体安全的关乎整个人类的生存与发展的安全观。

形成并践行"类安全"观，在当前和未来相当长的时间内而言，不仅十分必要，而且确实可行。全球化的发展以及传统安全与非传统安全问题的交织出现，是形成和实践"类安全"观的现实基点。人类文明的重要特征及其存在和发展的重要体现是多元与多样。但问题的关键在于，我们需要在全球范围内强化对文明共生性的共识。此外，在经济全球化、人类文明多样化、传统安全与非传统安全交织出现以及国际安全复杂化的客观现实下，我们迫切需要在全世界范围内强化并践行"类安全"观的共识。

（二）以"和合主义"为价值范式

如本书第一章所述，"和合主义"的核心价值是超越一国之安的以人类为本位、以天下为范围的和谐统一。其理性原则是实现全球安全共同体，各国在和合共建的原则下，实现社会共有、权利共享、和平共处、价值共创（余潇枫，2013a：98-105）。从"和合主义"的视域看，安全的本质是行为体之间的优态共存（余潇枫，2004）。气候问题的"人类性"决定了无论是从传统安全层面，还是从非传统安全层面审视，其都深切地关涉整个人类的生存和命运。在深度全球化的背景下，国家之间的共生、共通、共存与共享性大大加强，全球命运共同体不断地生成，"和合主义"范式成为非传统安全维护方略的根本价值导向（余潇枫，2007a）。

"两千多年前，中国先秦思想家孔子就提出了'君子和而不同'思想。和谐而又不千篇一律，不同而又不相互冲突。和谐以共生共长，不同以相辅相成，和而不同，是社会事物和社会关系发展的一条重要规律，也是人们处世行事应该遵循的准则，是人类各种文明协调发展的真谛。"（江泽民，2002）为此，中国创造性地提出并践行了维护人类共同安全的安全观——求同存异、和平共处，和而不同，建设和谐世界。① 建设和谐世界，就是达到人与自然的和谐发展。它的核心就是世界各国之间做到"互信、互利、平等、协作"；它的实质就是按照人类自身安全与发展的要求，以互利合作谋求共同的安全与世界的和谐发展。

西方学者威廉·卡拉汉（William A. Callaham）将差异模糊性作为达到"和而不同"的途径与方法。"同则不继，和则可存。"事实上，求同存异，和平共处，和而不同，建设和谐世界，是一种新的安全理论范式。它超越了传统的国家中心主义安全观的立场，确立了把人的安全作为一个类的统一存在体的安全观的优先性，体现了中国对"安全认同"问题的独特诠释；为我们正确处理"安全认同"危机，有效解决"安全困境"，提供了广阔的前景和正确的方向。

"和合主义是深度全球化进程中正在形成的一种颇具中国特色的国际关系理论范式。在中国外交实践上，和合主义有其独特的贡献，如强调多元多边合作的包容性外交、国际道义的结伴性外交、合作共赢的对接性外交、安全互保的镶嵌性外交以及人类命运共同体建构的共享性外交。

---

① 2005年9月，在联合国成立60周年首脑会议上，胡锦涛同志发表了题为《努力建设持久和平、共同繁荣的和谐世界》的讲话，提出构建和谐世界的新理念，明确地阐述了建设和谐世界的内涵。中国政府提出必须致力于实现各国和谐共处、全球经济和谐发展以及不同文明和谐进步，建设和谐世界，并在2005年12月的《中国的和平发展道路》白皮书上，首次全面系统地向全世界阐述了和平发展道路的内容，强调中国将致力于实现与世界各国的互利共赢和共同发展，目标是建设持久和平与共同繁荣的和谐世界。

和合主义的理论建构为国际关系理论提供了一个独特的中国视域，也为国际关系理论的转型升级提供了可以预期的新探索。"（余潇枫、章雅荻，2019）于此，我们可以把"和合主义"作为非传统安全的中国方略和中国参与全球气候安全治理的价值范式与核心理据所在。

（三）以"绿色治理"为价值指引

绿色低碳发展既是一项国家战略，又是全社会共同参与的事业。绿色低碳发展主体的多元化、手段的多样化、机制的灵活性等，都需要全体民众的合力参与。正如第一章绿色治理理论所述，放置在全球范围内，绿色低碳发展早已超越国界，人类日益成为一个命运共同体，因此需要全体民众携手共进，履行共同责任，贯彻践行绿色发展理念，积极倡导和履行人类命运共同体的合作发展理念。因此，构建全球绿色治理体系，需要先遵循绿色价值，而绿色价值包含生态、美好、责任、非暴力、安全、和平、希望等多重维度（史云贵、刘晓燕，2019）。具体而言，可以分为以下两个方面。

一是绿色和平主义倡导"平等性"和"全球性"。一方面，绿色和平主义是对国际经济失序状态（即由发达国家推行的"生态殖民主义"模式）的应对，认为解决这一问题的根本是国际平等（张丽君，2007）。另一方面，绿色和平主义具有强烈的全球政治色彩，研究范围面向全球、全人类，关心整个人类的利益和命运，而非以国家为边界，甚至要超越人类中心主义而走向人类与生物圈的共生共荣

（刘东国，2002：45-48）。全球绿色治理中的"国际制度安排""国际机制建设"，是倡导绿色政治、绿色经济、绿色生活的基本架构。全球绿色治理的关键是，用"绿色正义"评判一切。人类从"浅绿"向"深绿"的跃进，体现了全球政治的演进。① 因此，"绿色正义"不仅是一种更和谐包容的生存观念，也是一种要求国际社会对现状进行改变的政治主张（余潇枫、王江丽，2008）。

二是绿色和平的实现途径是绿色政治、绿色经济与绿色生活的"非暴力"。非暴力主要体现为对人的非暴力、对自然的非暴力。对人的非暴力是反对战争、维护世界和平，但不等于不行动和无所作为。对自然的非暴力是主张将人与自然的粗暴关系，变成一种平衡和谐的关系。全球绿色治理的区域均需符合生态、和平、合作、安全、可持续的绿色价值理念。这种"非暴力"首先体现在以生态整体的角度看待人与自然的关系。联合国应创发"绿色球籍"身份证明，以体现人与自然的非暴力和谐。新任国家元首应该在联合国对世界做出绿色治理的承诺，以体现国家对自然的尊重。其次，通过协商谈判，建立相应的国际机制，为绿色发展提供有效的法律和人道支持。例如，在联合国

---

① "浅绿"思想标志着人类家园意识的觉醒，但尚未超越人类中心主义；"深绿"思想标志着人类生物圈意识的觉醒，从更广更深的层次创生了"绿色生态观"。"深绿"思想理念的确立，实质上是"类价值"的再建构，它倡导超越人类中心主义，改造过去的思想方式和政治结构，保持地球生态系统的基本平衡和可持续发展；还倡导建构一个全新的生态政治文明，确立和强化"生态智慧""尊重多样性"等价值观。

建立"绿色治理评估"制度，定期将绿色治理作为联合国大会必定的议题进行讨论。最后，发挥各国现有政府的主动性，不仅要倡导，更要践行绿色低碳发展理念。

（四）以"人类命运共同体"为终极目标

"人类命运共同体"理念是中国国家主席习近平立足世界百年未有之大变局，对中国传统文化和传统生态智慧的创造性升华。① 世界各国有必要以"人类命运共同体"为

---

① 党的十八大报告明确提出：人类命运共同体就是合作共赢，各国在追求自身利益的同时，谋求本国的发展中要顾及考虑他国合理关切。报告倡导建立新型的全球发展伙伴关系，增进共识中命运与共、共同承担发展与气候变化责任，形成最大同心圆，求得最大公约数，共同促进人类社会向好发展。习近平主席在2013年3月23日莫斯科国际关系学院发表演讲时，第一次提到命运共同体的概念。2013年4月，习近平主席在海南博鳌亚洲论坛开幕式上，发表题为《共同创造亚洲和世界的美好未来》的主旨演讲，再次强调命运共同体意识。2015年9月28日，习近平主席在出席第七十届联合国大会一般性辩论时提到："当今世界，各国相互依存、休戚与共。我们要继承和弘扬联合国宪章的宗旨和原则，构建以合作共赢为核心的新型国际关系，打造人类命运共同体。"习近平主席在2017年达沃斯论坛年会开幕式上，强调要牢固树立人类命运共同体意识。2017年1月18日，习近平主席在联合国日内瓦总部万国宫，发表题为《共同构建人类命运共同体》的主旨演讲，对人类命运共同体理念进行了深刻、全面、系统的阐述。2017年2月10日，联合国首次使用人类命运共同体这一概念，在针对有关阿富汗问题的决议时强调，要促进阿富汗地区安全、稳定和发展，必须以合作共赢的精神，推进各地区的合作，构建人类命运共同体。2017年3月17日，联合国人权理事会第34次会议首次将人类命运共同体这一重大理念载入人权理事会决议。2017年3月23日，联合国社会发展委员会第55届会议将人类命运共同体的思想理念首次写入联合国决议。2017年10月28日，中国共产党第十九次全国代表大会通过全体投票，一致通过将"推动构建人类命运共同体"写入《中国共产党章程》。2018年3月13日，"推动构建人类命运共同体"被写入《中华人民共和国宪法》第三十五条宪法序言第十二自然段。

终极目标，推进国家间的合作，构建人与自然都可以受益的全球气候安全治理方案。这样既能根据国情兼顾各国利益，又能促进人与自然环境的共同发展。

气候安全是全世界人民要共同面对的问题，置身事外、明哲保身的做法已经不符合全球化发展的现代社会。一方面，大气没有国界。世界上无论哪个国家排放的温室气体，都会进入地球大气层，导致温室效应；另一方面，地球大气中温室气体的增加会导致全球气温升高，这将对地球整个生态系统产生严重的负面影响。世界上任何一个国家如果处于地球生态不良的境地，都将面临严峻的安全挑战。气候变化作为新历史时期突出的重大环境与发展问题，以其最显著的全球性特征表明，人类命运共同体是不可否认的客观事实。在应对气候变化的生存威胁时，世界各国只有形成不可分割、相互依存、相互支持的命运共同体，方能应对气候安全问题；只有以"人类命运共同体"理念为理论基础，才能有效应对当代和未来人类社会面临的全球气候变化这一重大挑战。

在经济全球化时代，各国都被捆绑在一个命运共同体中，相互影响、相互关联、命运与共。因此，在新时代的全球气候安全治理观的构建中，应以人类命运共同体理念为指导。同时，制度的制定除了要有普遍的约束性，还必须面对现实，尤其是南北发展失衡的历史问题和现实问题，建立有针对性的制度体系，解决威胁全球气候安全的根源问题，为全球生态良好发展和环境友好提供根本性的保障。

这需要世界各国摒弃一国之利益，站在人类命运共同体的高度关注人类整体利益，走合作发展、合作共赢之路，创建绿色发展的世界。

二　全球气候安全治理的模式转变

（一）从"单维安全"到"多维安全"的转变

如第一章安全化理论所述，安全问题不是单向度的，尤其是气候安全，其与各国乃至全球政治、经济、文化、生态、公共卫生等不同领域的安全密切相关，还与个人安全、社会安全、国家安全、周边安全、国际安全和人类安全等不同层次的安全紧密关联。全球环境问题的多元化，决定了环境治理需要转变传统观念和治理方式，按照整体论的观点、普遍联系的观点和发展的观点，对治理重点进行调整，从过去的地域治理、专项问题治理以及对显著问题的关注，转向更加全面和系统的治理策略。在全球气候安全问题上，更要树立人类是一个命运共同体的理念，需要国家之间跨地域、多层次的合作治理，构建综合、多元、立体式的"多维安全"，以应对全球气候安全问题。

要实现"多维安全"，就要推行多主体治理、非强制治理，用"多元治理""关系治理""整体治理""效益治理"模式取代传统的单边治理模式。与此同时，要加强宣传，使"平等互信、包容互鉴、合作共赢"的精神在国际社会得到积极弘扬，制定公平规则，建立透明制度，加强

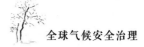

多边合作，在关注他国发展的同时追求本国利益，在促进各国共同发展的同时谋求本国发展，实现各国同舟共济、权责共担。

立体式、多元化的综合治理是实现"多维安全"的必然选择，需要政治、经济、文化、生态和安全领域的通力合作。在政治上，以全球共同利益为基础，坚持不对抗、不结盟，摒弃冷战思维和强权政治逻辑，以平等的对话，共同商议解决共同面临的问题。在经济上，在开放、普惠、包容、共赢的发展理念指导下，更深层次地促进经济全球化不断发展，促进多边贸易向好发展。在文化上，坚持多元文化是人类社会本来样态的观点，尊重多元、多样，以交流促进文化的相互了解，逐渐消除文化屏障，在交流互鉴中维护世界文化多样化。在生态上，树立合作意识，坚持人类命运共同体，通力协作，加强交流互鉴，共同促进人类共同家园的绿色建设。在安全上，对于分歧、争端、冲突等，应坚持对话协商，反对霸权主义和恐怖威胁，协商统筹应对传统与非传统的安全问题。

（二）从"安全自保"到"安全互保"的转变

全球气候安全威胁越来越具有全覆盖的特点，这必然要求所有国家勠力同心，合作解决。作为地球村的村民，人类必须携手共进，坚决摒弃安全自保的传统安全观。独木难成林，覆巢之下安有完卵的全球安全观应该尽快深入人心，以应对新的全球气候安全威胁，实现人类的可持续发展。

　　"本国优先"必然导致"安全自保"。全球气候治理进展缓慢，生态赤字显著增加。各国从自身国家利益出发，以气候环境问题为国与国博弈的砝码，这就导致了气候问题政治化，全球环境治理陷入低谷，面临治理困境。美国退出《巴黎协定》①的举动，更是在某些层面加重了气候问题治理全球共同行动的复杂性，对全球治理共同体的形成产生很大的负面作用。比如，在退出《巴黎协定》后，美国无视联合国多边主义框架，又接连退出其他多边主义框架。②这背后的逻辑是，美国永远以"美国至上"的外交理念看待全球气候治理和全球合作；永远都是将自身的利益放在首位；凭借全球超级大国的地位和实力，不通过友好合作和协商的方式决定对外政策，更不可能站在全球的利益之上进行相应的决策。近期，美国单方面挑起的与中国等多个国家的贸易摩擦和贸易制裁，就是其单边主义、霸权主义的突出表现，这将导致全球气候治理呈现单边主义的趋势。

　　因此，要实现从安全自保到"安全互保"的转变，就

---

① 2017年6月1日，美国总统特朗普单方面宣布美国退出《巴黎协定》，并表示要通过重新谈判考虑再次加入的可能。但根据《巴黎协定》第28条，美国必须在其向联合国气候变化框架公约提交书面通知满三年后，方可正式退出《巴黎协定》。由此，退出《巴黎协定》的美国将继续对协定的后续实施细则施加影响和干预，而事实上这些影响和干预毫无建设性。《巴黎协定》是世界上第一个全面的气候协议，旨在加强对气候变化威胁的全球应对。

② 比如，2017年退出联合国教科文组织和2018年退出联合国人权理事会，不参加联合国《移民问题全球契约》，退出伊朗核问题全面协议，宣布大幅削减对联合国巴勒斯坦难民救助机构的资助，等等。

要坚持真正的多边主义。促进全球气候环境向好发展，是全世界各国人民的共同利益和根本利益。任何一个国家和地区都不可能也不能置之度外，需要所有国家和地区共同面对和齐心协力应对问题。在各国利益纷争、利益扩大化的时代，气候环境问题无疑是将各国联系起来的黏合剂、润滑油，是全球利益的"最大公约数"。我们应该看到，随着社会发展的日益推进，各国也在做积极的努力。中美气候合作的重新启动，无疑给世界各国带来鼓舞和激励。这同时需要各国携手一起，认清国际环境给气候环境治理带来的困难。缺乏政治互信的大国关系和政府政权的交替，使各国应对气候环境的政策出现反复，摇摆不定。某些国家无视国际义务等现象，还将在一定范围内普遍长期存在。因此，要携手合作，不要相互指责；要持之以恒，不要朝令夕改；要重信守诺，不要言而无信。① 全球各国必须对气候环境问题保持时刻警醒，树立人类作为一个命运共同体的理念，正确看待全球气候变化、环境治理等问题，在命运与共、利益与共、前途与共的理念下，在维护自身安全的同时，积极开展多边合作、区域合作、全球合作，实现"安全互保"，推进全球气候治理体系的构建，实现全球各国和地区的互利共赢，共享人类发展成果。

（三）从"利益博弈"到"命运共同"的转变

在传统的国家治理中，国家中心主义是主要的思维方

---

① 习近平：《要重信守诺，不要言而无信》，https://politics.gmw.cn/2021-04/22/content_34785743.htm。

式，认为国家的不安全主要来自外部的威胁，采取的手段之一就是将本国的安全威胁以各种方式转嫁到其他国家，以此获得自身短暂的国家稳定和安全，即持有的是以"他国不安全"换取"本国安全"的二元对立思维模式和治理理念。这种零和博弈不仅对他国造成威胁和带来安全隐患，还给本国带来发展上的问题，是一种损人不利己的行为和做法，应该及时摒弃。非传统安全的出现，将世界各国和地区绑在一条船上，一荣俱荣，一损俱损。跨国性的气候环境问题要求世界各国和地区共同应对，世界各国和地区都责无旁贷，构建人类命运共同体势在必行。尤其是只有在气候环境领域达成合作、携手共治，才能有全球的气候安全，也才能有世界各国和地区的气候安全。

要实现这一目标，完成全球治理理念的转变，当务之急是消除治理赤字。近年来席卷全球的新冠疫情，影响了世界各国人民生命和财产等方面的安全，使各国的社会经济发展不同程度地受到影响。人类是一个命运共同体，人与自然也要和谐共生，人与自然也是一个命运共同体。中国特色社会主义现代化不仅是政治、经济、文化、社会相协调的现代化，更是人与自然和谐共生的绿色现代化。习近平总书记在多个场合、多次强调，中国倡导"全球生态环境利益共生、权利共享、责任共担"的理念。这是以马克思主义的整体观和普遍联系的观点为指导，强调要实现与自然和谐共生，必须敬畏、尊重、顺应、保护自然，构建环境友好宜居发展的世界。这是对全球气候治理的卓

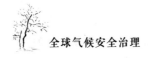

越贡献，是运用马克思主义的辩证法和中国传统文化的智慧，针对世界治理失灵、消除治理赤字贡献的中国智慧和中国方案。

三 共建以新安全观为主导的全球气候安全治理体系

新安全观是中国在安全问题上更加提倡平等、包容、合作、共赢的安全理念的重要成果。尤其是党的十八大以来，新安全观得到进一步的拓展、提升与丰富，对中国积极推动全球气候安全观的构建具有更现实的指导意义。中国的气候安全治理应当坚持以新安全观为指导，努力促进国际社会坚持共同但有区别的安全理念，加强气候安全国际合作，并在安全与发展并重的可持续安全模式下积极贡献从根本上消除气候安全威胁的对策。中国发布的关于联合国成立 70 周年的立场文件，也明确提出这一新安全观。因此，中国倡导其所强调的"共同、综合、合作、可持续"安全理念，是在总结历史经验教训基础上提出的维护安全的可行之策。这种新安全观不局限于亚洲，而是适用于全球。这一新安全观作为构建人类命运共同体的一部分，已写入党的十九大报告提出的治国方略，体现了 21 世纪中国的国际安全理念，成为中国解决世界安全问题的重要方案。

（一）新安全观的提出及其独特内涵

1997 年，中俄签订了《中俄关于世界多极化和建立国际新秩序的联合声明》，双方主张确立新的安全观。这是中国第一次以双边国际协定的形式，明确提出新安全观的概念。[①] 2002 年 11 月，党的十六大报告从整体上确立了新安全观的理念，指出新安全观的内容就是相互信任，共同维护，树立互信、互利、平等和协作理念，构建新安全观的途径是对话和合作。[②] 之后，党和国家领导人又多次在重大国际和国内场合，对新安全观加以阐释、丰富和拓展。2009 年 9 月 23 日，胡锦涛在第 64 届联合国大会一般性辩论时讲话提出，要用新安全观来促进人类共同安全。[③] 2013

---

① 双方主张确立新的具有普遍意义的安全观，认为必须摒弃冷战思维，反对集团政治，必须以和平方式解决国家之间的分歧或争端，不诉诸武力或以武力相威胁，以对话协商促进相互了解和信任，通过双边、多边协调合作寻求和平与安全。双方认为独立国家联合体是促进欧亚地区稳定和发展的重要因素，指出中国、俄罗斯、哈萨克斯坦、吉尔吉斯斯坦、塔吉克斯坦签署的关于在边境地区加强军事领域信任和相互裁减军事力量的两个协定意义重大，可以成为冷战后谋求地区和平、安全与稳定的一种模式。双方愿意促进裁军进程，强调签署《全面禁止核试验条约》和《不扩散核武器条约》的重要性。双方对扩大和加强军事集团的企图表示关切，因为这种趋势有可能对某些国家的安全构成威胁，加剧地区和全球紧张局势。参见《中华人民共和国和俄罗斯联邦关于世界多极化和建立国际新秩序的联合声明》，https://www.mfa.gov.cn/ce/cerus/chn/zegx/smgb/t6801.htm。

② 参见江泽民《全面建设小康社会，开创中国特色社会主义事业新局面——在中国共产党第十六次全国代表大会上的报告》，https://fuwu.12371.cn/2012/09/27/ARTI1348734708607117_all.shtml。

③ 用更广阔的视野审视安全，维护世界和平稳定。在人类历史上，各国安全从未像今天这样紧密相连。安全内涵不断扩大，传统安全威胁和非传统安全威胁相互交织，涉及政治、军事、经济、文化等诸多领域，对各国构成共同挑战，需要采用综合手段共同应对。安全不是孤立的、零和的、绝对的，没有世界和地区的和平稳定，就没有一国安全稳定。我们应该坚持互信、互利、平等、协作的新安全观，既维 （转下页注）

年 10 月 24 日，习近平在周边外交工作座谈会上发表讲话时强调，"全面安全、共同安全、合作安全"是新安全观倡导的理念。① 2013 年 10 月 10 日，李克强在文莱举行的第八届东亚峰会上讲话强调，应当通过新安全观，促进传统安全和非传统安全领域的合作。② 需要指出的是，中国的新安全观所关注的安全事务，早就不再局限于狭隘的军事安全范畴，而是积极倡导综合安全的观念，尤其是经济和环境领域的非传统安全问题在其中占据十分重要的地位（秦亚青，2009：189-190）。2002 年，中国外交部发布的《中国关于新安全观的立场文件》指出，"安全"在新的历史条件下已经演变为一个综合概念，其内容也不再局限于政治与军事领域，而是扩展到环境、经济、文化与科技等领域。应当看到，综合安全观的形成是安全理念随着形势发展而

（接上页注③）护本国安全，又尊重别国安全关切，促进人类共同安全。坚持联合国宪章宗旨和原则，坚持和平方式解决地区热点问题和国际争端，反对任意使用武力或以武力相威胁。支持联合国在国际安全领域继续发挥重要作用。坚持平等、互利、合作精神，保障全球经济金融稳定。坚持反对一切形式的恐怖主义、分裂主义、极端主义，不断深化国际安全合作。参见胡锦涛《同舟共济 共创未来——在第 64 届联大一般性辩论时的讲话》，https://www.fmprc.gov.cn/ce/cekp/chn/zgxw/zgzxxw/t607190.htm。

① 要着力推进区域安全合作。我国同周边国家毗邻而居，开展安全合作是共同需要。要坚持互信、互利、平等、协作的新安全观，倡导全面安全、共同安全、合作安全理念，推进同周边国家的安全合作，主动参与区域和次区域安全合作，深化有关合作机制，增进战略互信。参见习近平《让命运共同体意识在周边国家落地生根》，http://www.xinhuanet.com//politics/2013-10/25/c_117878944.htm。

② 《李克强总理在第八届东亚峰会上的讲话》，http://www.gov.cn/ldhd/2013-10/11/content_2503899.htm。

不断完善的必然结果。"冷战"结束后，全球两大军事集团长期对峙的局面不复存在，与发展问题须臾不可分离的经济、科技、文化与环境等事务在和平与发展的时代主题下，在国家安全方面的重要意义开始凸显，因此必然会被纳入国家安全战略所关注的范畴。

在综合安全观视野下，安全威胁和挑战呈现复杂化和多元化，而发展问题和安全问题在一定条件下呈现的交叉性、融合性和统一性越来越被中国安全政策决策层关注与重视。《2008年中国的国防》白皮书中指出，中国面临的长期的安全威胁与挑战并不是单一的，而是"生存安全与发展安全"叠加交织，中国将"实现发展与安全的统一"作为应对上述安全威胁与挑战的一项重要对策。[①] 2014年5月，在上海举行的亚洲相互协作与信任措施会议第四次峰会上，习近平首次正式提出亚洲新安全观。[②] 这一安全新理念得到与会各国代表的普遍认同。该峰会通过的《亚洲相

[①] 面对前所未有的机遇和挑战，中国高举和平、发展、合作的旗帜，坚持走和平发展道路，奉行互利共赢的开放战略，推动建设持久和平、共同繁荣的和谐世界；坚持贯彻落实科学发展观，实现发展与安全的统一，统筹兼顾传统安全与非传统安全问题，加强国家战略能力建设，完善国家应急管理体系；坚持互信、互利、平等、协作的新安全观，主张用和平方式解决国际争端和热点问题，推进同各国的安全对话与合作，反对扩大军事同盟，反对侵略扩张。不管现在还是将来，不管发展到什么程度，中国都永远不称霸，不搞军事扩张。参见《2008年中国的国防》白皮书，http://cn. chinagate. cn/whitepapers/2009-01/20/content_17157992_3. htm。

[②] 习近平：《积极树立亚洲安全观 共创安全合作新局面》，http://cpc. people. com. cn/xuexi/n/2015/0721/c397563-27338292. html。

互协作与信任措施会议第四次峰会上海宣言——加强对话、信任与协作，共建和平、稳定与合作的新亚洲》写入了这一亚洲新安全观。此后，习近平又把亚洲新安全观扩展为对世界普遍适用的新安全观（左凤荣，2021）。2015 年 9 月，习近平在联合国大会一般性辩论的讲话中提出，"我们要摒弃一切形式的冷战思维，树立共同、综合、合作、可持续安全的新观念。我们要充分发挥联合国及其安理会在止战维和方面的核心作用，通过和平解决争端和强制性行动双轨并举，化干戈为玉帛。我们要推动经济和社会领域的国际合作齐头并进，统筹应对传统和非传统安全威胁，防战争祸患于未然"①。具体而言，它主要蕴含以下深刻的内涵与新意。

（二）可持续安全：全球气候安全治理的理想模式

"冷战"以后，尤其是 21 世纪以来，人类社会面临恐怖主义等新的威胁。对于这些新的安全威胁，很难找到立竿见影的应对措施。因此，国际社会开始思考如何改变旧的思维模式，采取新的安全理念，制定更加可持续的安全解决方案。在此背景下，可持续安全理念应运而生。

1. 可持续安全的内涵

安全与发展是人类社会得以延续的重要保障。虽然和平与发展仍是当今时代的主题，但和平面临的安全威胁和

---

① 《习近平在第七十届联合国大会一般性辩论时的讲话》，https://www.gov.cn/xinwen/2015-09/29/content_2940088.htm。

发展面临的严峻挑战仍十分突出。也就是说，没有和平，中国和世界都不可能顺利发展；没有发展，中国和世界也不可能有持久和平（习近平，2013）。2015 年，习近平主席作为国家领导人，在世界上第一个提出可持续安全（sustainable security）的国家安全理念和基本原则。这为国际安全局势趋于恶化的世界带来希望之光。可持续安全观是推动构建人类命运共同体的重要依托和保障。它有别于权力相争的西方安全观，将发展与安全放在同样重要的位置，强调发展与安全之间的和谐关系（郭锐、廖仁郎，2019）。在国际社会，中国积极倡导的可持续发展理念，得到许多国家的认可。中国正在与多个国家和地区开展多元、可持续的安全发展合作。

可持续安全战略是中国贡献给全球治理的一剂良方。这主要指在战略层面，一个国家内的各地区、全球范围内的各国和地区通过合作实现较长期的和平与发展的低成本运行方式。这种方式是一种全球化时代的新型国家战略安全发展模式。这一发展模式更加适合日益紧密的全球各国和地区关系，既可以在传统安全领域，通过合作形成利益共同体，确保较长期的和平环境；又可以在非传统安全领域，使各国和地区齐心协力、共同贡献智慧，达到共同的安全环境建设。这是一个关系到全人类前途和命运的战略安全问题（刘江永，2020），各国和地区都责无旁贷。

"可持续安全模式"的核心理念在于，解决安全问题时不能治标不治本，而是要标本兼治。因此，这种安全理念是国际社会在采用"控制安全模式"解决全球安全问题并反复陷入困境后谋求突破取得的重大进展。值得重视的是，中国在新安全观指导下，对于可持续安全理念的丰富与发展也做出重要贡献。2014年5月21日，习近平在亚洲相互协作与信任措施会议第四次峰会上做了《积极树立亚洲安全观 共创安全合作新局面》的主旨发言，突出阐述了可持续安全理念。他认为，可持续就是要发展和安全并重以实现持久安全；发展是安全的基础，安全是发展的条件；发展就是最大的安全，也是解决地区安全问题的"总钥匙"。① 上述讲话实际上从更高层次阐释了可持续安全理念的本质。

2. 可持续安全对全球气候安全治理的引导

某些国家将安全问题作为政治砝码，把本不应该安全化的议题安全化，故意制造威胁，利用妖魔化的言论夸大其词，增加本国制裁他国的政治筹码，从而达到本国特定的政治目的（魏志江、卢颖林，2022）。将气候变化"过度安全化"的国家只是将气候问题看作安全问题。它们认为，气候变化等安全问题是由一些国家尤其是发展中国家在发展中大量排放污染物造成的，鉴于安全是需要优先解决的问题，因此必须牺牲发展来维护安全。为了给中国等广大发展中国家戴上破坏全球气候环境的帽子，它们在无科学证据和缺乏对历史认知的条件下，过分夸大气候变化

---

① 《习近平主席在亚信第四次峰会上的讲话》，https://www.gov.cn/xin-wen/2014-05/21/content_2684055.htm。

的安全问题，并且不惜为自己的军事性冲突引起的局部动荡等安全问题找开脱的理由。以俄罗斯、印度为首的一些将气候变化"欠缺安全化"的国家则认为，发达国家在环境问题上走的是先污染后治理的路径，而从公平的角度出发，发展中国家也有权利选择发展优先的路径。因此，它们认为气候问题是一个发展问题，并非安全问题。世界各国都应该保持理性的态度，客观地认知气候安全问题，既不能过度安全化，也不能降级无视安全化，这两者都会导致安全政策失灵。

无论是"过度安全化"的国家还是"欠缺安全化"的国家，它们都未能正确地认识发展与安全之间相辅相成的关系，而是错误地把安全与发展摆在对立的位置。如前所述，安全与发展并不是一对矛盾的概念。中国提出的可持续安全理念之所以得到国际社会的认同，正是因为它抓住了当今时代的主题：安全与发展；顺应了世界各国谋安全、求发展的普遍利益诉求，符合维护国家安全与国际安全的客观需要，指出了人类社会在安全领域的前进方向（刘江永，2014）。既不能牺牲安全谋求发展，也不能通过牺牲发展谋求安全。更进一步说，更清洁、更绿色的发展不但不会使环境退化等安全问题变得更为严重，反而有助于从根源上解决这些问题；更好的环境安全保障也不会妨碍发展，反而有助于推动可持续发展。

因此，国际社会只有坚持安全与发展的理念，才能走出安全困境，实现可持续安全。保障气候安全与促进低碳

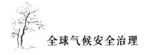

发展，是相辅相成的关系，而不是相互对立或冲突的关系。一方面，保障气候安全，可以为低碳发展提供其必须具备的条件。相反，在全球气温大幅上升、地球自然生态环境极大恶化、经济停滞、传染疾病蔓延等安全失控状况下，是不可能有效规划和推动低碳发展的。另一方面，推动低碳发展，不仅可以直接减缓温室气体排放，还能有效促进发展中国家的经济与社会转型升级，促进消除南北发展严重失衡这个气候安全威胁的根源性因素，实现可持续的气候安全。

（三）共同安全：全球气候安全治理追求的最终目标

早在冷战结束以后，国际社会就开始对共同安全的概念予以关注和重视。"欠缺安全化"的国家，尤其是"沉默安全化"的国家，在全球气候安全治理过程中，在气候安全方面都没有获得公平的待遇。安全应该是普遍的，不能一个国家安全而其他国家不安全，一部分国家安全而另一部分国家不安全。因此，无论是欧美国家还是发展中国家，只有在以共同安全理念为目标的新安全观下，才能取得气候安全治理的理想效果。在这个过程中，所有国家必须坚持共同但有区别的责任原则，大国有大国的担当，小国有小国的贡献。

1. 共同安全的内涵

1985 年，联合国发表《安全概念》（Concepts Security）的研究报告，对"共同安全"概念做了如下理解：在相互依存的时代，国家之间存在相互依赖的、共有的安全关系，任何国家自身利益的获得，不应以损害他国利益为前提。① 中国在共同安全理念的发展进程中也做出重大贡献，并把其作为新安全观的一个重要方面加以阐释。2009 年 9 月 23 日，胡锦涛在第 64 届联合国大会一般性辩论时发表的讲话中指出，"应坚持互信、互利、平等、协作的新安全观，既维护本国安全，又尊重别国安全关切，促进人类共同安全"②。2014 年，习近平阐述的共同安全理念就是全世界不分大小，每一个国家都享有国家安全的权利，我们要尊重和保障这一权利。③ 中国近年来在国际上一再强调打造人类命运共同体，其本质就是从维护全球共同安全的角度出发，倡导世界各国真诚合作、共同努力。这也是从更高角度对共同安全理念的进一步提升（郭楚、徐进，2016）。

中国的新安全观把追求共同安全作为最终目标，倡导各国也追求共同安全，从而实现个人、非国家行为体、国家和国际社会共享的安全局面。中国的新安全观认为，随

---

① 该报告认为，即使从广义的角度进行分析，集体安全也是指军事维度的安全，因为狭义的集体安全仅指制止战争，广义的集体安全包括放弃使用武力、和平解决国际争端和制止侵略行为，而这三个方面都旨在避免和制止军事性质的冲突。与集体安全不同的是，共同安全并不以军事性质的冲突为主要关注对象。共同安全作为一个概念，是以两个方面的倾向性为基础的：一方面，倾向于使用国际手段获取安全而不是使用国内手段获取安全；另一方面，倾向于使用和平手段而不是使用武力或威胁使用武力的方式获取安全。

② 胡锦涛：《同舟共济 共创未来——在第 64 届联大一般性辩论时的讲话》，https：//www. fmprc. gov. cn/ce/cekp/chn/zgxw/zgzxxw/t607190. htm。

③ 《习近平在亚信峰会阐述亚洲新安全观》，https：//www. mfa. gov. cn/web/gjhdq_676201/gjhdqzz_681964/yzxhhy_683118/zyjh_683128/201906/t20190615_9388795. shtml。

着全球化进程的日益加深，安全问题越来越具有综合性，尤其是跨国性特征日渐突出，一国安全利益的获得和维持与这个国家所在的地区乃至整个世界的安全形势是相互影响、相互依赖和相互作用的关系（王柏松、刘彤，2014）。全球共同安全既是普遍的安全，又是平等的安全。在具体的实施过程中，世界各国必须尊重和保障每一个国家的安全，不能以强权主义将本国的安全建立在别国纷乱基础之上。同时，世界各国既要维护自身平等参与地区安全事务的权利，又要积极主动地担负起维护地区安全的应尽义务，履行责任。安全应当是普遍、平等、包容的，我们要尊重和保障每一个国家的安全。不能一个国家安全而其他国家不安全，一部分国家安全而另一部分国家不安全，更不能牺牲别国安全，而谋求自身所谓的绝对安全。①

2. 共同安全对全球气候安全治理的引导

共同安全理念强调包容性。虽然不同国家在气候变化方面的安全关切存在一定的差异，但是这并不妨碍彼此之间承认对方安全关切的合理性。也不能因为不同国家的气候安全关切存在差异性，就否认气候变化是一个共同安全问题。以小岛屿发展中国家、非洲国家和最不发达国家为主的将气候变化"沉默安全化"的国家认为，气候变化对于世界其他国家而言或许只是发展问题，而对于它们而言意味着生死存亡，因此它们高度关注粮食安全、灾害管理、

---

① 习近平：《弘扬和平共处五项原则，建设合作共赢美好世界》，https://www.gov.cn/xinwen/2014-06/29/content_2709613.htm。

适应气候变化等气候安全问题，强调气候变化与冲突之间的关系。但是，不同于"过度安全化"的国家和"欠缺安全化"的国家，"沉默安全化"的国家在国际政治活动中普遍处于边缘化的地位。再加上这些国家经济发展水平普遍较低，缺乏应对气候变化的资金，因此它们的气候安全利益诉求长期得不到关注与重视。

　　事实上，这完全违背了安全的初衷。地球是所有人的母亲，大气层为全球所有国家共有，大气层中温室气体浓度变化对地球环境与生态系统造成的危害，也将由全球所有国家共同承担。虽然从表面上看，气候的脆弱性最突出地发生在小岛屿发展中国家、最不发达国家，这些国家所遭受的沿海地区被淹没、经济停滞和居民生计丧失等负面影响，暂时由这些国家独自承担，但是随后出现的大范围难民迁徙和疾病传染等问题，会对全球所有国家构成安全挑战。因为气候变化对人类安全造成影响早已毋庸置疑，很多国家组成了安全联盟（如阿拉伯国家联盟、加勒比共同体、东南亚国家联盟、西非国家经济共同体等），它们都将气候变化视为严重的安全威胁，明确界定了气候变化与自然资源匮乏对安全造成的挑战。因此，国际社会只有以共同安全为目标，才能走出安全困境，最终实现所有人的共同安全。

3. 坚持共同但有区别的责任原则

　　《联合国气候变化框架公约》通过并生效之后，"共同但有区别的责任"原则成为指导制定各项具体的国际气候规范的重要准则。"共同但有区别的责任"原则是确定不同缔约方权利与义务的基本原则，也是长期以来发达国家与发展中国家在国际气候谈判中援引用来支持各自主张的核心依据。在 1992 年《联合国气候变化框架公约》通过以后，全世界各国都应坚守"共同但有区别的责任"这一基本原则。这是在全球范围内开展国际合作，推进全球可持续发展的基本价值遵循。值得注意的是，自 2011 年德班气候大会以来，国际社会不同成员对"共同但有区别的责任"原则的理解发生了一些变化，这使围绕制定气候规范的国际谈判面临新的挑战。

从 2005 年《京都议定书》生效到 2015 年《巴黎协定》生效，发展中国家的情况确实发生了很大的变化。随着经济长期快速发展，新兴发展中大国的能源消耗和减排都有显著上升，这是客观发生的事实。[①] 鉴于气候变化已经成为人类社会和地球面临的"紧迫的、可能无法逆转的威胁"，全球共同开展碳减排行动成为保障全球气候安全的迫切需要。根据各国的实际国情，我们更应当强调在应对气候变化问题上，发达国家与发展中国家不仅需要承担共同责任，而且需要承担有区别的责任。对于各国的实际情况，我们

① 中国作为世界上最大的发展中国家，目前已经成为世界上最大的能源消费国和能源利用率提升最快的国家。2019 年，中国一次能源生产总量达 39.7 亿吨标准煤，为世界能源生产第一大国；电力供应能力持续增强，累计发电装机容量 1 亿千瓦。2019 年，中国发电量 7.5 万亿千瓦时，较 2012 年增长 50%。参见《新时代的中国能源发展》白皮书，新华社。

应当全面地加以分析，不能仅看到发展中国家尤其是新兴发展中大国碳排放量的增长，而对发展中国家与发达国家在历史累积碳排放方面存在的巨大差距视而不见。在区别应对气候变化责任方面，不应对历史碳排放问题持回避甚至无视的态度，这不符合科学事实。在分析人类碳排放活动导致全球平均气温升高时，既要考虑现在的碳排放，也要考虑历史碳排放。因为很多历史累积排放的二氧化碳还留存在地球大气层中，其仍然是造成地球温室效应的重要原因。

在气候变化问题上强调共同责任是为了保障全球气候安全，强调区别责任同样是为了保障全球气候安全。既要确保全球各国一致性参与，共同行动，也要体现和表达各国之间的区别责任。值得指出的是，当前在如何解读"共同但有区别的责任"原则以保障全球气候安全问题上，发达国家存在采取双重标准的倾向。一方面，发达国家要求发展中国家放弃人均碳排放趋同的方案，主张发展中国家与发达国家共同参与碳减排行动。理由是气候变化已经构成对人类社会的安全威胁，因此必须秉持安全优先的理念，采取非同寻常的紧急措施。另一方面，当发展中国家要求发达国家承担有区别的责任时，发达国家却不再强调安全优先的理念，而是反复强调方方面面的困难，拒绝采取非同寻常的措施。这种双重标准的做法，无疑是在为落实《巴黎协定》目标而制定新国际气候规范增添阻力。因此，一定要努力引导《巴黎协定》所有缔约方尤其是发达国家

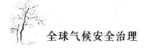

缔约方，从维护全球气候安全的角度出发，正确地根据实际情况对"共同但有区别的责任"这一根本原则在人类全体利益的基础上做出阐释。

尽管在气候变化问题上这些国家的安全利益存在差异，但是这并不表明世界各国的气候安全利益是互相排斥的。相反，不同国家为维护本国气候安全采取的行动，实际上具有互补性质。例如，大国推动本国低碳转型，可以为控制全球气温上升做出重大贡献，而小国应对气候灾害方面的努力，可以为减缓难民国际迁徙等做出重大贡献；发达国家在解决气候变化导致的公共卫生问题方面的经验，可以为发展中国家提供重要借鉴，发展中国家提高对气候变化相关疾病的防控能力，可以为全球控制传染疾病蔓延做出重要贡献。因此，在共同安全理念下，各国为维护本国气候安全利益做出的努力，都属于全球共同行动的重要组成部分，为加强气候安全国际合作提供了基础。

（四）合作安全：全球气候安全治理实现的有效途径

1. 合作安全的内涵

中国合作安全的构想是 20 世纪 90 年代以来中国政府积极参与亚太地区安全事务而构建的一种新的安全理念。合作安全理念的发展和实践有一个不断完善的过程，具有代表性的事件是，加拿大前外长乔·克拉克（Joe Clark）于 1990 年 9 月首次在联合国大会上提出"合作安全"，即安全是在合作中实现的。"合作安全"的提出，为各国之间的合作提供了可资借鉴的方式。① 在 1993 年联合国大会上，澳大利亚前外长加雷特·埃文斯（Gareth Evans）提出召开"亚洲安全与合作会议"的重要倡议，将磋商而非对抗、友好而非威慑、透明而非秘密、预防而非纠正、相互依存而非单边主义作为合作安全的显著性特征进行了深入阐释。这是在国家关系领域，合作安全概念发展的几个代表性的言论。随着实践的发展，各国对合作安全的理念进一步加深了认知。这也促使这一理念不断完善和成熟，并不断扩展实践领域和范围。目前，合作安全理念已被大多数国家和地区接受。

合作是维护安全的根本途径，有合作安全才有共同安全。中国新安全观就是以合作促安全的一种合作安全观。习近平强调，"我们主张，各国和各国人民应该共同享受安全保障。各国要同心协力，妥善应对各种问题和挑战。越是面临全球性挑战，越要合作应对，共同变压力为动力、化危机为生机。面对错综复杂的国际安全威胁，单打独斗不行，迷信武力更不行，合作安全、集体安全、共同安全才是解决问题的正确选择"②。通过对话合作，促进各国和

①　他认为，冷战后亚太地区安全的新情况，使各国在互信基础上开展多边合作以取代军事抗衡的冷战格局显得尤为迫切和必要。为了发挥合作安全模式的安全效应，克拉克首先发起了"北太平洋合作安全对话"倡议。在倡议中，他建议中国、美国、苏联、日本、韩国、加拿大和朝鲜七个环太平洋国家进行史无前例的安全对话，对国家间存在的问题进行对话与磋商，从而形成北太平洋安全共同体，加强国家之间的相互依存，进一步促进地区安全和世界安全。

②　《顺应时代前进潮流，促进世界和平发展》（2013 年 3 月 23 日），载中共中央文献研究室编《十八大以来重要文献选编》（上），中央文献出版社，2014，第 260 页。

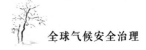

地区安全，增进战略互信，减少相互猜疑，不断扩大合作领域，创新合作方式，以合作谋和平、以合作促安全，坚持以和平方式解决争端。

2. 坚持真正的多边主义

合作安全必须以有效的多边主义机制为保障。也就是说，多边主义机制是有效促进安全合作的重要途径。在传统安全维护的基础上，在维护安全合作的过程中，更要凸显多边主义机制的保障性。对多边主义发展过程中的广泛性、非正式性和灵活性等问题，要通过机制保障，吸引更多的国家积极参与，发挥自身优势，维护安全合作，达到共赢共享。

党的十九大报告指出，尽管气候变化等非传统安全威胁持续蔓延，人类面临许多共同挑战，但"没有哪个国家能够独自应对人类面临的各种挑战，也没有哪个国家能够退回到自我封闭的孤岛"，因而"要坚持环境友好、合作应对气候变化，保护好人类赖以生存的地球家园"（习近平，2017：58-59）。真正的多边主义，离不开联合国，离不开国际法，离不开各国合作。大国必须带头主持公道，厉行法治，承担责任，聚焦行动。我们要警惕具有一定迷惑性的"伪多边主义"，其表面上打着重回多边主义的旗号，实质上是要搞"小圈子"和集团政治，甚至要以意识形态站队、阵营之间选边，来割裂世界。① 与真正意义上的多边主

---

① 王毅：《践行真正的多边主义，警惕"伪多边主义"》，https://www.mfa.gov.cn/wjbzhd/202105/t20210526_9137376.shtml。

义不同，"伪多边主义"强调意识形态的对立，而不是求同存异；表现出强烈的排他性和对抗性，而不是合作互利共赢；强调"规则至上"，其所谓的规则由少数几个国家组成的"小团体"制定，而不是国际公认的秩序和规范。

四　构建全球气候安全治理的具体路径

（一）全球气候安全治理的中国策略

在当今世界出现的各种非传统问题安全化进程中，大国外交都面临很多挑战。例如，如何判断相关问题安全化是否符合本国利益，如何提高本国在安全化进程中的话语权威，如何增强本国对国际规范的塑造力。中国要想引领全球气候安全治理，在安全化进程中建立话语权威，就必须从维护全球利益的角度，分析话题和设计话语体系。除此之外，中国还要与发展中国家和发达国家都保持密切接触，实现合作共赢。中国还要提升对国际规范的塑造力，构建合作共赢的全球气候安全规范体系。

1. 寻求本国安全与他国安全的交会点，提升气候安全话语权威

对于任何国家而言，构建并巩固气候安全话语体系是一项至关重要的任务。这一点在当今全球化的背景下尤为突出，尤其是对于那些希望其气候安全理念得到国际社会广泛认同和支持的国家。气候安全虽然是一个相对新兴的概念，但其重要性日益凸显，尤其是在全球气候变化日益

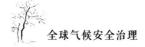

严峻的当下。对气候安全的讨论涉及多个层面，包括环境保护、资源管理、能源政策和国际合作等。在这一框架下，一个国家的气候安全话语不仅需要展现对自身安全的关注，更应体现对全球气候安全的综合考量。这要求其不仅在提出问题和挑战时具有前瞻性，而且提供的解决方案和对策必须具备实用性和全球视角。例如，一个国家如果能够在国际舞台上清晰且有力地表达其对气候变化的应对策略，并且这些策略能够得到其他国家的认同和响应，那么这个国家就能有效地提升其在国际社会中的影响力。这不仅有助于该国推动其气候安全议程，也有助于促进全球气候安全治理的进程。此外，一个国家要想建立气候安全话语权威，还需要积极参与多边合作。在全球化的今天，气候问题已不再是单一国家可以独立解决的问题。因此，坚持多边主义的外交策略不仅是国家责任感的体现，更是实现气候安全目标的有效途径。这种外交理念鼓励一个国家在关注本国气候安全的同时，也关注其他国家的气候问题，力求在国际气候政策中寻求共识，共同应对气候危机。

为了增强气候安全话语权威，一个国家还需要通过科学研究和技术创新，支撑其政策主张。这包括但不限于推动气候科学的前沿研究，发展低碳经济，以及推广可持续的环境友好型技术。通过这些科学技术的进步，一个国家不仅能够提出更具前瞻性和创新性的解决方案，而且能够通过实际行动展示其对国际气候承诺的坚定和能力。实际上，一个国家在国际舞台上的气候安全话语权威是其综合国力、科技水平、经济实力和国际地位的体现。当一个国家能够将其气候安全政策和措施与全球气候安全治理紧密结合，同时确保这些政策和措施得到其他国家的理解和支持时，它就在构建更加安全、稳定的国际气候环境中发挥了重要作用。

因此，建立和维护气候安全的话语权，不仅是提高国家软实力的一个重要方面，也是促进国际合作与全球气候安全治理的关键。只有当各国都能在这一进程中发挥积极作用，共同努力，才能形成一个既符合各国利益，又能促进全球气候安全的国际合作新格局。通过这样的努力，国际社会才能找到持续且有效应对气候变化这一全人类共同挑战的解决方案。

2. 与发展中国家和发达国家都保持密切接触，实现合作共赢

随着全球气候变化问题被视为一种安全挑战，国际社会逐渐形成一种紧迫的共识，即必须立即采取行动应对这一挑战。在这一背景下，国际社会通力合作共同制定并通过了《巴黎协定》。《巴黎协定》标志着国际社会在应对气候变化方面达成一种临时性的和平共识，各国暂时搁置了彼此之间在利益上的分歧，以应对更广泛的全球挑战。《巴黎协定》的达成虽然是一项里程碑式的成就，但它主要是提供了一个框架性的设计，旨在指导未来的国际制度建设更具体地应对气候变化。这意味着，《巴黎协定》生效后，更多的具体规范和执行细节还需要通过持续的国际合作和

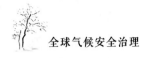
谈判完成。这一过程需要各国继续秉持求同存异的精神。

在《巴黎协定》谈判的关键时刻，中国扮演了极为积极的角色。中国不仅全方位参与了各项议题的谈判，还积极进行了穿梭外交，以确保各方能够通力合作，共同推动气候议程向前发展。中国与基础四国、立场相近的发展中国家集团以及"77国集团+中国"等多个谈判集团加强了磋商，致力于维护发展中国家的团结与共同利益，并在这些国家中发挥了建设性的引领作用。同时，中国还与美国、欧盟等发达国家和区域组织保持密切的沟通，积极寻找和拓展共识，以找到实际可行的中间立场。中国在巴黎气候大会期间提出的解决方案，充分考虑了各方的立场和诉求，力图寻找一个能够平衡各方利益的"最大公约数"。这种策略极大地促进了多边气候谈判的进程，并帮助实现了各方的共赢。

巴黎气候大会取得成功后，时任美国总统奥巴马和法国总统奥朗德都分别致电中国国家主席习近平，感谢中国为推动大会成功做出的不懈努力。这不仅显示了中国在全球气候治理中的重要角色，也反映了中国在国际舞台上的负责任大国形象。总之，中国的努力不仅增强了国际社会对气候变化问题的应对能力，也展现了中国在全球环境治理中的引领力和国际责任感。这些努力是推动全球气候合作向更深层次、更广范围发展的重要基石，也为未来气候谈判提供了高效合作的良好先例。

3. 提升对国际规范的塑造力，构建合作共赢的国际气候规范体系

相较于框架性的制度设计，具体的国际气候规范将更直接地触及各国的利益，因此在具体规范的制定过程中，必然会出现更多分歧和争议。尽管从表面上看，这些规范主要针对的是气候问题，但实质上，它们更深层次地关联着经济发展。作为全球经济总量排名第二的国家，中国整体国力的提升显著增强了其在全球气候安全治理中的影响力。中国已成为全球最大的二氧化碳排放国。2023 年，中国的碳排放量增长了约 5.65 亿吨。①

尽管已有 100 多个国家承诺实现碳中和，但中国提出的目标受到更高的国际关注度。这不仅显示了中国的巨大国际影响力，也凸显了中国在全球气候安全治理中不可或缺的角色。中国在气候谈判中不仅积极维护发展中国家的权益，而且坚持"共同但有区别的责任、各自能力原则和公平原则"立场，支持《京都议定书》第二承诺期。通过采取灵活务实和建设性的态度，中国帮助建立了德班平台，赢得了国际社会的广泛赞誉。

在国内，中国正在转变经济发展模式，大力加强节能减排，增加低碳技术和新能源投资，创建碳交易市场，开展低碳城市试点。这些措施极大地提升了中国在气候谈判之外的治理活动中的战略影响力和全球引领力。国际气候

---

① IEA：《2023 年二氧化碳排放报告》，https://finance.sina.com.cn/tech/roll/2024-04-01/doc-inaqhpua6426770.shtml。

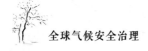

规范的制定涉及碳减排、适应机制、资金机制和技术机制等多个重要领域，与各国的能源生产、公共基础设施建设和技术研发密切相关，直接影响各国的国计民生。因此，未来制定国际气候规范的过程，必将伴随激烈的利益博弈。中国应当努力提升自身在国际气候规范制定过程中的塑造力，不仅要关注实体性规范，更不能忽视程序性规范的重要性。虽然程序性规范看似不直接关联国家利益，但在国际规范制定过程中，没有程序公正的保障，就很难确保实体性规范公正地反映各国合理的需求。

（二）全球气候安全治理的法治建设

全球气候安全治理如果没有强有力的约束机制，就只能以一种共同参与的模式体现出来，而法律是实现合作最好的范式之一。在气候治理中，尤其是解决碳排放引致的环境恶化、资源耗竭、气候变化问题，都有赖法律提供基本的框架和指导。联合国是世界政治中的重要行为体，能基于其掌握的资源和拥有的权威，采取单一成员国难以实施的行动。一个国家的安全化实践往往局限于其国界之内，而国际组织的安全化实践具有跨国行动的特点，也因此能更大规模地塑造行为体对于特定议题与安全关系的认知（周逸江，2021）。

以气候变化为例，国际组织安全化实践既可能表现在将气候风险纳入其例行活动中，如定期向决策者进行情报通报，或者监测关键的气候和安全热点；也可能体现在其应对与气候风险相关的事件所发布的决议和采取的行动中。

国际组织可以基于成员国的意见，成为安全化实践的发起者和行动主体，也可能应成员国要求，成为安全化实践的辅助者，以其专业知识和组织资源支持成员国的安全化实践。因此，全球气候安全治理的法治建设，可以国际气候良法和全球气候善治为标准，其中国际气候良法要求气候制度在规范实体上符合以人为本、和谐共进和可持续发展的价值追求；全球气候善治则要求气候制度立法民主而科学，守法普遍而善意，执法严格而有效，司法公正而便捷。在目前国际法不成体系的状态下，国际组织尤其是联合国可以发挥更大的作用。

1. 联合国安理会继续开展有关气候安全的辩论和讨论会议

联合国安理会应继续与联合国成员国、非政府组织和政府间组织举行高层公开辩论和气候安全讨论会议，以发挥国际机构的作用。这样做可以利用联合国安理会的专业知识或专长，提供一个与领先的气候科学家接触的现成的场所，并有机会制定法律和政策解决方案，以应对最紧迫的气候安全威胁。这样做还会扩大气候变化在国际舞台上的安全影响，并成为潜在的"钥匙"，为联合国安理会采取一系列有力且具有法律约束力的后续行动"打开大门"。联合国安理会第四十一条经济措施可以作为一种有力的工具，通过使用有针对性的制裁措施，惩罚具有特别破坏性的气候行动，从而应对气候变化。联合国安理会作为集体安全机制的核心，在解决事关世界和平与安全的重大问题上，

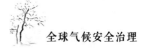

具有不可替代的作用。面对气候变化问题已经对国际安全构成威胁并引发人道主义危机和冲突的新形势，国际社会势必要求联合国安理会做好应对气候变化风险加剧或危机扩大的预防和化解工作，并要求其继续组织此类会议的召开和讨论。

2. 联合国可以开发前瞻性的气候安全风险评估工具

联合国安理会应在早先的努力基础上，通过安全理事会决议，解决气候变化的不利影响问题，即应该对气候变化采取更加积极主动的、基于风险的措施。这就需要联合国安理会加强联合国系统对有关气候风险的理解，提高气候安全风险综合识别分析、预测预警和防止冲突等管理能力，加强与联合国气候公约秘书处、联合国环境规划署、联合国粮农组织等相关机构的沟通协调，探索建立协同应对气候风险的有效机制，建立分工明确、协调一致、高效有力的气候安全应对体系。2017 年，联合国安理会特别承认气候变化对乍得湖盆地持续冲突的破坏性影响，并随后在马里、索马里等地发表了类似的声明。联合国安理会在发表声明时强调，有必要进行适当的风险评估和制定风险管理战略，以解决未来的地区冲突。尽管联合国安理会在这些决议中承认了气候变化与冲突之间的关系，它们在处理问题的时候比较被动。既然气候变化既是冲突的催化剂，又是威胁的加速剂，那么联合国安理会可以在气候灾难来袭之前，带头制定这些风险管理策略。因此，联合国安理会可以采取多种形式，制定前瞻性风险评估措施，在联合国有关机构之间协调具体的气候安全事务。这可能包括开发早期气候预警系统，也包括在联合国各机构之间建立预警信息共享的"信息交换所"系统，或者建立更正式的场所，以协助联合国应对未来的气候危机。无论采取哪种方式，联合国安理会都必须积极考虑未来可能发生的气候破坏和冲突，最好是在当今的气候危机中采取一种主动的、基于风险的方法，而不是等待气候危机不可避免地发生（Hamblin，2013：8）。

3. 发挥《联合国气候变化框架公约》的主渠道作用

《联合国气候变化框架公约》自 1994 年生效以来，一直是全球应对气候变化努力的核心机制。该公约不仅是一个国际条约，更是一个促进全球合作与对话的平台，致力于减缓气候变化的影响，并适应那些已无法避免的影响。为了更有效地应对全球气候变化的挑战，将 UNFCCC 打造成一个广泛的、具有包容性的全球气候治理平台显得尤为关键。这一平台必须坚持民主与科学的原则，推动全球范围内的广泛参与和平等协商的对话，确保各国能够在实现利益共享和风险共担的基础上履行相应的责任。

UNFCCC 是全球气候安全治理的枢纽，需要强化其作为广泛参与平台的角色。这要求联合国发挥其在国际事务中的协调作用，促进各成员国在平等和透明的基础上参与气候变化议题的讨论与决策。为此，联合国可以通过制定最新的气候议题和谈判日程，有效地引导全球对话，确保各方的声音和关切都能被充分听取和考虑。进一步而言，建立这样一个平台还需要坚持科学的原则，以确保所有政策制定和行动计划都建立在坚实的科学基础之上。这意味着联合国需要与世界各地的科研机构、高等学府和专业组织紧密合作，以获取最新的科学研究成果和技术进展，为政策制定和行动计划提供科学依据。此外，推动广泛参与和平等协商的对话，也是打造这一平台的关键。联合国应通过各种渠道和方式，如举办国际会议、工作组会议和线上论坛等，鼓励各国政府、非政府组织、私营部门以及普通公民积极参与有关全球气候安全问题的讨论。这样的对话和交流可以增强各利益相关方的信任与合作，使其共同应对气候安全风险。为了真正实现利益共享和风险共担，联合国还需要推动国际社会在气候资金、技术转移和能力建设等方面的合作。特别是支持发展中国家和最不发达国家，帮助它们提升应对气候变化的能力，这不仅是实现全球气候公平的要求，也是维护全球气候安全的必要条件。最后，实现这一目标还需要各国积极履行自己的责任。这包括国家自主贡献（NDCs）的实施，国家适应计划（NAPs）的制定，以及国内外气候治理机制的建立和完善。联合国可以通过提供政策建议、技术支持和资金援助等手段，帮助各国有效履行这些责任。

总之，将《联合国气候变化框架公约》打造为一个广泛参与的全球气候治理平台，是应对全球气候变化挑战的重要途径。我们可以通过坚持民主与科学的原则，推动全球范围内的广泛参与和平等协商的对话，更好地实现利益共享和风险共担,有效凝聚全球力量,共同减少气候安全带来的威胁。

4. 联合国安理会在处理气候与安全问题时要具体问题具体分析

在实践中,气候变化与安全风险之间的关联十分复杂。实际上,两者到底有什么样的传导机理,目前还没有完全确定。否定气候与安全之间存在关联显然不再可能,将气候问题泛安全化,脱离具体情境谈论气候变化的安全影响也并不科学。对待气候与安全问题,关键在于用正确的方式做正确的事情,具体问题具体分析。为此,联合国安理会应当结合自身授权、既有议程和具体国别情况,以及所拥有的资源和手段,就气候与安全的关系进行具体问题具体分析。尤其是坚持问题导向,找准安全风险的根源,提出切实管用的办法。一定要阻断气候变化向安全风险传导,最根本的办法是从发展入手,帮助发展中国家跨越发展鸿沟,增强气候韧性和应对能力。在这方面,联合国安理会不能成为清谈馆,追求"政治正确",而要脚踏实地,结合自身授权,真正为发展中国家应对安全风险做些实事。①

---

① 外交部:《常驻联合国代表张军大使在安理会气候与安全问题公开辩论会上的发言》,https://www.mfa.gov.cn/zwbd_673032/wjzs/202306/t20230614_11096274.shtml。

结　语

气候变化安全化，是特定时代背景下的产物。"冷战"结束后，一些新兴发展中大国抓住和平与发展成为时代主题的有利机遇，进入经济快速增长期。到 21 世纪初国际社会启动关于《京都议定书》第一承诺期后的国际气候行动方案谈判时，中国等新兴发展中大国与很多发达国家的经济总量、能源消耗总量和碳排放总量已经十分相近，南北大国在制定新的全球碳减排行动方案方面的博弈变得更加激烈，国际气候谈判一度陷入困境和僵局。在此时代背景下，推动气候变化安全化成为顺应国际安全发展趋势和突破国际气候谈判困境的战略性选择。

气候变化问题从受到科学界的关注到成为国际政治最核心的议题之一，经历了一个从"非政治化"到"政治化"再到"安全化"的渐进发展过程。从 20 世纪 80 年代开始，联合国环境规划署和世界气象组织等开始成立专门机构研究气候变化问题。随后，联合国大会决定开始启动气候变化框架公约的谈判。直到《京都议定书》生效，才标志着气候变化问题进入政治化的阶段。此后，政府间气候变化专门委员会在其评估报告中，把气候变化界定为人类社会的存在性威胁。欧盟在把气候变化置于其安全战略最优先领域的同时，率先在国际议程中通过安全话语凸显气候变化的存在性威胁。联合国安理会开始组织对气候变化问题的公开辩论，联合国大会和联合国秘书长也分别针对气候安全问题，形成了决议和专题报告。这些都意味着气候变化对人类社会构成的存在性威胁，得到国际社会成员越来越普遍的关注和重视。2015 年巴黎气候大会通过的《巴黎协定》，把气候变化界定为人类社会面临的紧迫的、无法逆转的威胁，并为国际社会成员确定了共同行动的法律框架，成为国际气候行动需要遵循的新国际规范，标志着气候变化安全化的国际趋势已基本形成。

随着气候变化安全化进程的开始和逐渐深入，全球气候安全治理也面临一系列的困境。事实上，除第三章所阐述的困境，气候变化安全化对国际气候谈判也有很大的影响。例如，国际气候谈判的政治逻辑发生重大变化，安全优先的理念逐渐被越来越多的国际行为体接受；现行国际气候谈判程序机制面临重大挑战，一些国际行为体开始要求在联合国安理会框架下谈判并决策气候变化问题；随着国际社会气候安全认知的深入，进一步降低地球大气层中温室气体浓度的要求将更为迫切，新兴发展中大国的减排压力将进一步加大；等等。这都对全球气候安全治理造成了很大的影响。

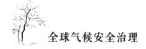

　　本书总结了全球气候安全治理的中国智慧与中国方案，从安全管理的视角对全球气候安全治理的态势进行了全方位的反思和审视。全球气候安全治理的中国智慧，可以分为两个方面。一方面，对全球气候安全治理进行价值设定。以"类安全"为价值基点，把安全问题关注的核心放于人这个作为"类"的整体之上；以"和合主义"为价值范式，促进国家之间的共生、共通、共存与共享；以"绿色治理"为价值指引，通过合作公共事务，实现社会经济与环境可持续和谐发展的美好愿景；以"人类命运共同体"为终极目标，促进人与自然环境的共同发展。另一方面，对全球气候安全治理进行模式转变。从"单维安全"向"多维安全"转变，符合全球气候安全问题复杂多元、复合关联的特点；从"安全自保"向"安全互保"转变，可以打破传统的对抗式的、排他性的安全治理方式与"安全自保"理念；从"利益博弈"向"命运共同"转变，可以推动形成国家间与非政府组织间全球气候安全危机协同共治的长效机制。人类世界的联系无论是朝全球化的方向深度发展，还是朝逆全球化的方向扩张，在全球气候问题上，人类已经处于一荣俱荣、一损俱损的"气候安全命运共同体"之中。上述价值设定与模式转变的提出，不仅从价值遵循上完全符合人类生存发展的要求，对于指导全球气候安全治理也具有较强的实践意义。而现实中严峻的全球气候安全发展态势，与我们追求的价值目标有不小的差距。在全球气候安全治理的过程中，人类命运将走向何方，取决于上述价值目标在全球气候安全观念与实践中的作用发挥情况。

　　全球气候安全治理的中国方案，也可以分为两个方面。一方面，共建以新安全观为主导的全球气候安全治理体系。这是中国引领全球气候安全治理的原则性方案。中国发布的关于联合国成立 70 周年的立场文件，又一次明确提出这一新安全观。从此，中国倡导的"共同、综合、合作、可持续"安全理念，是在总结历史经验教训基础上提出的维护安全的可行之策。这种新安全观不再局限于亚洲，而是适用于全球。这一新安全观作为构建人类命运共同体的一部分，已写入党的十九大报告提出的治国方略，体现了 21 世纪中国的国际安全理念，成为中国解决世界安全问题的重要方案。具体而言，以可持续安全为全球气候安全治理的理想模式，国际社会只有坚持安全与发展的理念，才能走出安全困境，实现可持续安全；以共同安全为全球气候安全治理追求的最终目标，不能一个国家安全而其他国家不安全，一部分国家安全而另一部分国家不安全；以合作安全为全球气候安全治理实现的有效路径，合作是维护安全的根本途径，唯有合作才有共同安全。另一方面，构建全球气候安全治理的具体路径。这是中国引领全球气候安全治理的实践性方案。中国要想引领全球气候安全治理，在安全化进程中建立话语权威，就必须寻求本国安全与他国安全的交会点，提升气候安全话语权威。除此之外，中国还要与发展中国家和发达国家都保持密切接触，实现合

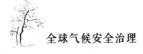

作共赢。最后，中国还要提升对国际规范的塑造力，构建合作共赢的国际气候规范体系。

　　人类生活在当下，却又与过去和未来紧密联系着。人类过去的历史不断积累，奠定了当下的基础，而人类未来的安全又是人类发展中不可或缺的一种"前导性取向"。作为一种"前景化安全"的价值与实践导向，全球气候安全治理的方案在复杂的现实世界中虽然具有一定的理想主义色彩，但是只要主权国家朝"人类命运共同体"的方向携手并进，为创建一个人与自然和谐共处的环境切实行动起来，中国引领全球气候安全治理的"应然性"理想就能够成为"实然"状态。本书正是基于此种理想信念，期望为全球气候安全治理提供一种理论性指导。

参考文献

阿查亚，阿米塔夫，2010，《人的安全：概念及应用》，李佳译，浙江大学出版社。

鲍曼，齐格蒙特，2009，《作为实践的文化》，郑莉译，北京大学出版社。

波斯纳，埃里克、戴维·韦斯巴赫，2011，《气候变化的正义》，李智、张健译，社会科学文献出版社。

薄燕，2004，《国际环境正义与国际环境机制：问题、理论和个案》，《欧洲研究》第3期。

薄燕，2007，《国际谈判与国内政治——美国与〈京都议定书〉谈判的实例》，上海三联书店。

薄燕、陈志敏，2009，《全球气候变化治理中的中国与欧盟》，《现代国际关系》第2期。

布坎南，艾伦、罗伯特·基欧汉、赵晶晶、杨娜，2011，《全球治理机制的合法性》，《南京大学学报》第2期。

布赞，巴里、奥利·维夫、迪·怀尔德，2003，《新安全论》，朱宁译，浙江人民出版社。

布赞，巴里、崔顺姬，2021，《全球气候治理：中国的黄金机遇》，《国际展望》第 6 期。

布赞，巴里、琳娜·汉森，2011，《国际安全研究的演化》，余潇枫译，浙江大学出版社。

曹慧，2015，《全球气候治理中的中国与欧盟：理念、行动、分歧与合作》，《欧洲研究》第 5 期。

曹亚斌，2011，《全球气候谈判中的小岛屿国家联盟》，《现代国际关系》第 8 期。

巢清尘、张永香、高翔、王谋，2016，《巴黎协定——全球气候治理的新起点》，《气候变化研究进展》第 1 期。

陈俊，2017a，《全球气候变化：问题与反思》，《湖北大学学报》（哲学社会科学版）第 2 期。

陈俊，2017b，《全球气候正义与平等发展权》，《哲学研究》第 1 期。

陈睿山、郭晓娜、熊波、王尧、陈琼，2021，《气候变化、土地退化和粮食安全问题：关联机制与解决途径》，《生态学报》第 7 期。

陈迎，2007，《国际气候制度的演进及对中国谈判立场的分析》，《世界经济与政治》第 2 期。

陈玉屏，2005，《略论中国古代的"天下"、"国家"和"中国"观》，《民族研究》第 1 期。

陈赟，2007，《天下或天地之间：中国思想的古典视域》，上海书店出版社。

丛鹏，2004，《大国安全观比较》，时事出版社。

崔顺姬，2008，《区域安全复合体理论——基于"传统安全"和"人的安全"视角的分析》，《浙江大学学报》（人文社会科学版）第1期。

崔顺姬、余潇枫，2010，《安全治理：非传统安全能力建设的新范式》，《世界经济与政治》第1期。

丁金光，2016，《巴黎气候变化大会与中国的贡献》，《公共外交季刊》第1期。

董亮，2018，《逆全球化事件对巴黎气候进程的影响》，《闽江学刊》第1期。

董勤，2018，《气候变化安全化对国际气候谈判的影响及中国的应对》，《闽江学刊》第1期。

董勤，2020，《以人类命运共同体思想为引领构建气候治理观》，《中国集体经济》第23期。

杜鹏，2007，《环境正义：环境伦理的回归》，《自然辩证法研究》第6期。

方长平、冯秀珍，2002，《国家利益研究的范式之争：新现实主义、新自由主义和建构主义》，《国际论坛》第3期。

封永平，2011，《西方国际政治理论视野中的国家利益研究》，《学术论坛》第12期。

冯时，2006，《中国古代的天文与人文（修订版）》，中国社会科学出版社。

冯寿波，2019a，《消失的国家：海平面上升对国际法的挑战及应对》，《现代法学》第2期。

冯寿波，2019b，《领土丧失与国家地位：海平面上升对小岛国的挑战》，《西部法学评论》第 3 期。

冯友兰，2011，《中国哲学史》，商务印书馆。

傅勇，2007，《非传统安全与中国》，上海人民出版社。

高飞，2003，《浅析当代国际关系研究的政治文化视角》，《国际论坛》第 4 期。

高清海、胡海波、贺来，1998，《人的"类生命"与"类哲学"》，吉林人民出版社。

高翔，2016，《〈巴黎协定〉与国际减缓气候变化合作模式的变迁》，《气候变化研究进展》第 2 期。

龚培渝、周光辉，2014，《论正义的维度》，《政治学研究》第 3 期。

龚瑜，2006，《论国际法与和谐世界》，《现代法学》第 6 期。

古祖雪，2005，《论国际法的理念》，《法学评论》第 1 期。

古祖雪，2007，《现代国际法的多样化、碎片化与有序化》，《法学研究》第 1 期。

古祖雪，2012，《国际造法：基本原则及其对国际法的意义》，《中国社会科学》第 2 期。

郭楚、徐进，2016，《打造共同安全的"命运共同体"：分析方法与建设路径探索》，《国际安全研究》第 6 期。

郭强，2013，《逆全球化：资本主义最新动向研究》，《当代世界与社会主义》第 4 期。

郭锐、廖仁郎，2019，《国家安全观的时代嬗变与可持续安全》,《湖南师范大学社会科学学报》第 6 期。

国家统计局,2019,《环境保护效果持续显现 生态文明建设日益加强——新中国成立 70 周年经济社会发展成就系列报告之五》,7 月 18 日,http://www.stats.gov.cn/ztjc/zthd/sjtjr/d10j/70cj/201909/t20190906_1696312.html。

哈克,马赫布卜·乌,1993,《发展合作的新构架》,《联合国纪事》第 4 期。

何晶晶,2016,《从〈京都议定书〉到〈巴黎协定〉:开启新的气候变化治理时代》,《国际法研究》第 3 期。

何勤华,2005,《法治的追求——理念、路径和模式的比较》,北京大学出版社。

何新华,2006,《试析古代中国的天下观》,《东南亚研究》第 1 期。

何志鹏,2009,《国际法治——一个概念的界定》,《政法论坛》第 4 期。

何志鹏,2013,《国际法哲学导论》,社会科学文献出版社。

何志鹏,2014,《国际法治何以必要——基于实践与理论的阐释》,《当代法学》第 2 期。

黄萌田、周佰铨、翟盘茂,2020,《极端天气气候事件变化对荒漠化、土地退化和粮食安全的影响》,《气候变化研究进展》第 1 期。

黄文艺,2009,《全球化时代的国际法治——以形式法治概念为基准的考察》,《吉林大学社会科学学报》第 4 期。

基欧汉,罗伯特、约瑟夫·奈,1992,《权力与相互依

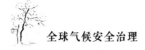

赖——转变中的世界政治》，林茂辉、段胜武、张星萍译，中国人民公安大学出版社。

吉登斯，安东尼，2009，《气候变化的政治》，曹荣湘译，社会科学文献出版社。

贾丁斯，戴斯，2002，《环境伦理学——环境哲学导论》，林官明、杨爱民译，北京大学出版社。

江泽民，2002，《江泽民主席在乔治·布什总统图书馆的演讲》，《人民日报》10 月 25 日。

金钿，2002，《国家安全论》，中国友谊出版公司。

金应忠，2019，《再论共生理论：关于当代国际关系的哲学思维》，《国际观察》第 1 期。

卡拉贝若-安东尼，梅利、拉尔夫·埃莫斯、阿米塔夫·阿查亚，2010，《安全化困境：亚洲的视角》，段青编译，浙江大学出版社。

卡赞斯坦，彼得，2002，《国家安全的文化：世界政治中的规范与认同》，北京大学出版社。

凯尔森，2008，《纯粹法理论》，张书友译，中国法制出版社。

凯尔森，2013，《法与国家的一般理论》，沈宗灵译，商务印书馆。

康晓，2018，《气候变化全球治理的制度竞争——基于欧盟、美国、中国的比较》，《国际展望》第 2 期。

拉伦茨，卡尔，2003，《法学方法论》，陈爱娥译，商务印书馆。

雷裕春，2018，《法治之美：康德美学视野中的法治审美诠释概念与意义》，《社会科学家》第 9 期。

李波、刘昌明，2019，《人类命运共同体视域下的全球气候治理：中国方案与实践路径》，《当代世界与社会主义》第 5 期。

李春林，2010，《气候变化与气候正义》，《福州大学学报：哲学社会科学版》第 6 期。

李东燕，2000，《对气候变化问题的若干政治分析》，《世界经济与政治》第 8 期。

李东燕，2004，《联合国的安全观与非传统安全》，《世界经济与政治》第 8 期。

李慧明，2015a，《气候变化、综合安全保障与欧盟的生态现代化战略》，《欧洲研究》第 5 期。

李慧明，2015b，《全球气候治理制度碎片化时代的国际领导及中国的战略选择》，《当代亚太》第 4 期。

李建福，2019，《冲突对抗抑或和平合作？——气候变化背景下的北极安全问题探析》，《俄罗斯东欧中亚研究》第 6 期。

李靖堃，2015，《国家安全视角下的英国气候政策及其影响》，《欧洲研究》第 5 期。

李开盛，2012，《人、国家与安全治理：国际关系中的非传统安全理论》，中国社会科学出版社。

李强，2019，《"后巴黎时代"中国的全球气候治理话语权构建：内涵、挑战与路径选择》，《国际论坛》第 6 期。

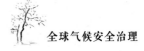
李少军，2014，《论国际安全关系》，《世界经济与政治》第 10 期。

李威，2016，《从〈京都议定书〉到〈巴黎协定〉：气候国际法的改革与发展》，《上海对外经贸大学学报》第 5 期。

李昕蕾，2019，《全球气候治理中的知识供给与话语权竞争——以中国气候研究影响 IPCC 知识塑造为例》，《外交评论》第 4 期。

李颖超，2016，《气候正义中的伦理分析与对策研究》，《理论月刊》第 10 期。

李勇、高岚，2021，《中国"碳中和"目标的实现路径与模式选择》，《华南农业大学学报》（社会科学版）第 5 期。

李垣、姜雪，2021，《从"人类命运共同体"走向"生命共同体"——基于气候变化问题的挑战》，《攀登》（汉文版）第 1 期。

梁凯音，2009，《论国际话语权与中国拓展国际话语权的新思路》，《当代世界与社会主义》第 3 期。

梁启超，2012，《先秦政治思想史》，中国人民大学出版社。

梁漱溟，2005，《中国文化要义》，上海人民出版社。

梁晓菲，2018，《论〈巴黎协定〉遵约机制：透明度框架与全球盘点》，《西安交通大学学报》（社会科学版）第 2 期。

刘长松，2022，《气候安全的作用机制、风险评估与治理路径》，《闽江学刊》第 2 期。

刘东国，2002，《绿党政治》，上海社会科学院出版社。

刘芳雄，2006，《国际法治与国际法院的强制管辖权》，《求索》第 5 期。

刘激扬、周谨平，2010，《气候治理正义与发展中国家策略》，《湖南社会科学》第 5 期。

刘江永，2014，《从国际战略视角解读可持续安全真谛》，《国际观察》第 6 期。

刘江永，2020，《可持续安全观与全球防疫规则——兼议构建可持续安全的人类卫生健康共同体》，《亚太安全与海洋研究》第 4 期。

刘满平，2021，《我国实现"碳中和"目标的意义、基础、挑战与政策着力点》，《价格理论与实践》第 2 期。

刘青尧，2018，《从气候变化到气候安全：国家的安全化行为研究》，《国际安全研究》第 6 期。

刘胜湘，2004，《国家安全观的终结？——新安全观质疑》，《欧洲研究》第 1 期。

刘晓华，2010，《马尔萨斯学说新论》，西南财经大学出版社。

刘元玲，2018，《新形势下的全球气候治理与中国的角色》，《当代世界》第 4 期。

刘跃进，2004，《国家安全学》，中国政法大学出版社。

柳思思，2016，《欧盟气候话语权建构及对中国的借鉴》，《德国研究》第 2 期。

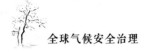

龙运杰，2013，《气候变化与全球正义》，《云南社会科学》第 4 期。

陆忠伟，2003，《非传统安全论》，时事出版社。

罗尔斯，约翰，1988，《正义论》，何怀宏、何包钢、廖申白译，中国社会科学出版社。

马建英、蒋云磊，2010，《试析全球气候变化问题的安全化》，《国际论坛》第 2 期。

马维野，2003，《全球化时代的国家安全》，湖北教育出版社。

马忠法，2019，《论构建人类命运共同体的国际法治创新》，《厦门大学学报》（哲学社会科学版）第 6 期。

麦金太尔，阿拉斯戴尔，2003，《追寻美德》，宋继杰译，译林出版社。

摩根索，汉斯，1990，《国家间政治：寻求权力与和平的斗争》，徐昕、郝望、李保平译，中国人民公安大学出版社。

潘亚玲，2008，《安全化、国际合作与国际规范的动态发展》，《外交评论》第 3 期。

潘一禾，2006，《"人的安全"是国家安全之本》，《杭州师范学院学报》（社会科学版）第 4 期。

潘忠岐，2004，《非传统安全问题的理论冲击与困惑》，《世界经济与政治》第 3 期。

钱穆，2003，《中国文化史导论》，商务印书馆。

钱穆，2010，《晚学盲言》，生活·读书·新知三联书店。

秦亚青，2009，《国际体系与中国外交》，世界知识出版社。

秦亚青，2013，《全球治理失灵与秩序理念的重建》，《世界经济与政治》第 4 期。

冉连，2020，《1949–2020 我国政府绿色治理政策文本分析：变迁逻辑与基本经验》，《深圳大学学报》（人文社会科学版）第 4 期。

邵沙平，2004，《论国际法治与中国法治的良性互动——从国际刑法变革的角度透视》，《法学家》第 6 期。

石晨霞，2020，《全球气候变化治理的新形势与联合国的新使命》，《湖北社会科学》第 5 期。

史军，2011，《气候变化背景下的全球正义探析》，《阅江学刊》第 3 期。

史云贵、刘晓燕，2019，《绿色治理：概念内涵、研究现状与未来展望》，《兰州大学学报》（社会科学版）第 3 期。

苏长和，2004，《自由主义与世界政治——自由主义国际关系理论的启示》，《世界经济与政治》第 7 期。

苏长和，2009，《全球公共问题与国际合作：一种制度的分析》，上海人民出版社。

孙萌萌、江晓原，2018，《竺可桢气候变迁思想的来源》，《自然科学史研究》第 1 期。

索尔，本、戴维·金利、杰奎琳·莫布雷，2019，《〈经济社会文化权利国际公约〉：评注、案例与资料》，孙世彦译，法律出版社。

唐纳利，杰克，2001，《普遍人权的理论与实践》，王浦劬译，中国社会科学出版社。

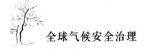

汪自勇，1998，《对个人国际法主体地位的反思——对新近国际法主体理论之简要分析》，《法学评论》第 4 期。

王柏松、刘彤，2014，《中国新安全观的理论意涵》，《天津行政学院学报》第 1 期。

王淳，2010，《新安全视角下美国政府的气候政策》，《东北亚论坛》第 6 期。

王继恒，2014，《环境法的人文精神论纲》，中国社会科学出版社。

王江丽，2009，《全球绿色治理如何可能？——论生态安全维护之道》，博士学位论文，浙江大学。

王谋、潘家华，2016，《气候安全的国际治理困境》，《江淮论坛》第 2 期。

王苏春、徐峰，2011，《气候正义：何以可能，何种原则》，《江海学刊》第 3 期。

王伟光、郑国光，2016，《应对气候变化报告（2016）：〈巴黎协定〉重在落实》，社会科学文献出版社。

王伟男，2010，《国际气候话语权之争初探》，《国际问题研究》第 4 期。

王伟男，2011，《试论中国国际气候话语权的构建》，《中国社会科学院研究生院学报》第 1 期。

王学东、孙梓青，2017，《"逆全球化"态势下中国引领全球气候治理的作用分析——基于演化经济学的视角》，《南京工业大学学报》（社会科学版）第 3 期。

王彦志，2018，《内嵌自由主义的衰落、复兴与再生——理

解晚近国际经济法律秩序的变迁》,《国际关系与国际
法学刊》第 1 期。

王逸舟,2003,《全球政治和中国外交》,世界知识出版社。

王逸舟,2012a,《安全研究新视角——中国人可能的贡
献?》,《国际政治研究》第 1 期。

王逸舟,2012b,《和平崛起阶段的中国国家安全:目标序
列与主要特点》,《国际经济研究》第 3 期。

王玉洁、周波涛、任玉玉、孙丞虎,2016,《全球气候变化对
我国气候安全影响的思考》,《应用气象学报》第 6 期。

魏志江、卢颖林,2022,《"偏执"与"回避":安全化困
境的形成研究》,《世界经济与政治》第 1 期。

习近平,2013,《更好统筹国内国际两个大局夯实走和平发
展道路的基础》,《人民日报》1 月 30 日。

习近平,2017,《决胜全面建成小康社会 夺取新时代中国
特色社会主义伟大胜利——在中国共产党第十九次全
国代表大会上的报告》,http://www.xinhuanet.com/pol-
itics/19cpcnc/2017-10/27/c_1121867529.htm。

肖兰兰,2021,《拜登气候新政初探》,《现代国际关系》
第 5 期。

肖兴利,2007,《国家安全观的重构——可持续安全观》,
《云南社会科学》第 1 期。

辛格,彼得,2005,《一个世界——全球化伦理》,应奇、
杨立峰译,东方出版社。

许继霖,2012,《天下主义/夷夏之辨及其变异——兼论近

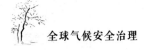

代中国的国族认同》,《华东师范大学学报》(哲学社会科学版) 第 6 期。

许文立、王莹莹、周天勇,2021,《建党百年的中国经济发展:一种新的"二元体制经济学"解释框架》,《合肥工业大学学报》(社会科学版) 第 6 期。

许吟隆、赵运成、翟盘茂,2020,《IPCC 特别报告 SRCCL 关于气候变化与粮食安全的新认知与启示》,《气候变化研究进展》 第 1 期。

亚里士多德,1965,《政治学》,吴寿彭译,商务印书馆。

阎学通、徐进,2009,《王霸天下思想及启迪》,世界知识出版社。

杨达、康宁,2020,《大扶贫、大数据、大生态:"一带一路"绿色治理的中国经验》,《江西社会科学》 第 9 期。

杨发喜,2008,《从"协和万邦"到建设和谐世界》,人民出版社。

杨洁勉等,2012,《体系改组与规范重建——中国参与解决全球性问题对策研究》,上海人民出版社。

杨立华、刘宏福,2014,《绿色治理:建设美丽中国的必由之路》,《中国行政管理》 第 11 期。

杨通进,2007,《环境伦理:全球话语 中国视野》,重庆出版社。

杨兴,2007,《〈气候变化框架公约〉研究:国际法与比较法的视角》,中国法制出版社。

杨阳,2002,《浅析文化在国际关系中的作用》,《现代国际关系》第 4 期。

姚大力，2018，《追寻"我们"的根源——中国历史上的
　　民族与国家意识》，生活·读书·新知三联书店。

姚新中，2015，《气候变化与道德责任——〈礼记〉中"天
　　地"概念的当代伦理价值》，《探索与争鸣》第 10 期。

叶江，2010，《全球治理与中国的大国战略转型》，时事出
　　版社。

易显河，2007，《国家主权平等与"领袖型国家"的正当
　　性》，《西安交通大学学报》（社会科学版）第 5 期。

易小明，2015，《分配正义的两个基本原则》，《中国社会
　　科学》第 3 期。

易佑斌，1999，《论国际关系中的和合主义》，《邵阳师范
　　高等专科学校学报》第 4 期。

易佑斌，2018，《国际关系中的和合主义价值论研究—— 兼
　　论人类命运共同体思想的价值意蕴》，《邵阳学院学
　　报》（社会科学版）第 1 期。

于宏源，2013，《气候安全威胁美国的国计民生》，《太平
　　洋学报》第 1 期。

余潇枫，2004，《从危态对抗到优态共存——广义安全观与
　　非传统安全战略的价值定位》，《世界经济与政治》第
　　2 期。

余潇枫，2005，《安全哲学新理念："优态共存"》，《浙江
　　大学学报》（人文社会科学版）第 2 期。

余潇枫，2007，《"和合主义"：中国外交的伦理价值取

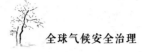

向》，《国际政治研究》第 3 期。

余潇枫，2012，《"平安中国"：价值转换与体系建构——基于非传统安全视角的分析》，《中共浙江省委党校学报》第 4 期。

余潇枫，2013a，《中国非传统安全能力建设：理论、范式与思路》，中国社会科学出版社。

余潇枫，2013b，《安全治理：从消极安全到积极安全——"枫桥经验"五十周年之际的反思》，《探索与争鸣》第 6 期。

余潇枫，2014a，《共享安全：非传统安全研究的中国视域》，《国际安全研究》第 1 期。

余潇枫，2014b，《论中国如何参与全球安全建设》，《国际关系研究》第 2 期。

余潇枫，2015，《基于共享安全的非传统安全合作》，载张蕴岭主编《新安全观与新安全体系构建》，社会科学文献出版社。

余潇枫，2018a，《和合主义与"广义安全论"的建构与可能》，《南国学术》第 1 期。

余潇枫，2018b，《中国未来安全的重要议题：质量安全——兼谈总体国家安全观的贡献与完善》，《人民论坛·学术前沿》第 8 期。

余潇枫，2018c，《总体国家安全观引领下的"枫桥经验"再解读》，《浙江工业大学学报》（社会科学版）第 2 期。

余潇枫，2019，《非传统安全概论：世界为什么不安全》，北京大学出版社。

余潇枫，2020a，《全球转型与国际关系学科的"前后左右"》，《国际关系研究》第 4 期。

余潇枫，2020b，《非传统安全概论：人类的下一个危机是什么》，北京大学出版社。

余潇枫，2020c，《非传统战争抑或"非传统占争"？——非传统安全理念 3.0 解析》，《国际政治研究》第 3 期。

余潇枫，2020d，《论生物安全与国家治理现代化》，《人民论坛·学术前沿》第 20 期。

余潇枫、陈佳，2018，《核正义理论与"人类核安全命运共同体"》，《世界经济与政治》第 4 期。

余潇枫等，2020，《非传统安全理论前沿》，浙江大学出版社。

余潇枫、李佳，2008，《非传统安全：中国的认知与应对（1978~2008 年）》，《世界经济与政治》第 11 期。

余潇枫、罗中枢、魏志江，2018，《中国非传统安全研究报告（2017~2018）》，社会科学文献出版社。

余潇枫、潘临灵，2018，《智慧城市建设中"非传统安全危机"识别与应对》，《中国行政管理》第 10 期。

余潇枫、潘临灵，2020，《"非常态危机"识别与防控——基于非传统安全的视角》，《探索与争鸣》第 4 期。

余潇枫、潘一禾、王江丽，2006，《非传统安全概论》，浙江人民出版社。

余潇枫、王江丽，2008，《"全球绿色治理"是否可能？》，

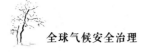

《浙江大学学报》（人文社会科学版）第 1 期。

余潇枫、王梦婷，2017，《非传统安全共同体：一种跨国安全治理的新探索》，《国际安全研究》第 1 期。

余潇枫、魏志江，2015，《中国非传统安全研究报告（2014~2015)》，社会科学文献出版社。

余潇枫、魏志江，2017，《中国非传统安全研究报告（2016~2017)》，社会科学文献出版社。

余潇枫、谢贵平，2015，《"选择性"再建构：安全化理论的新拓展》，《世界经济与政治》第 9 期。

余潇枫、张伟鹏，2019，《基于话语分析的广义"去安全化"理论建构》，《浙江大学学报》（人文社会科学版）第 4 期。

余潇枫、张曦，2007，《非传统安全与公共危机治理》，浙江大学出版社。

余潇枫、章雅荻，2019，《和合主义：国际关系理论的中国范式》，《世界经济与政治》第 7 期。

余潇枫、周冉，2017，《安全镶嵌：构建中国周边信任的新视角》，《浙江大学学报》（人文社会科学版）第 1 期。

余潇枫、周章贵，2014，《中印跨界河流非传统安全威胁识别、评估与应对》，《世界经济与政治》第 12 期。

曾令良，2007，《现代国际法的人本化发展趋势》，《中国社会科学》第 1 期。

翟建青、占明锦、苏布达、姜彤，2014，《对 IPCC 第五次评估报告中有关淡水资源相关结论的解读》，《气候变化研究进展》第 4 期。

翟坤周，2016，《经济绿色治理：框架、载体及实施路径》，《福建论坛》（人文社会科学版）第 9 期。

张斌、陈学谦，2008，《环境正义研究述评》，《伦理学研究》第 4 期。

张海滨，2006，《中国在国际气候变化谈判中的立场：连续性与变化及其原因探析》，《世界经济与政治》第 10 期。

张海滨，2007，《联合国与国际环境治理》，《国际论坛》第 5 期。

张海滨，2010，《气候变化与中国国家安全》，时事出版社。

张海滨，2015，《气候变化对中国国家安全的影响》，《国际政治研究》第 4 期。

张海滨、黄晓璞、陈婧嫣，2021，《中国参与国际气候变化谈判 30 年：历史进程及角色变迁》，《闽江学刊》第 6 期。

张华，2007，《论尊重人权作为国际法的基本原则及其对中国和平发展的影响》，《法学评论》第 2 期。

张焕波，2017，《巴黎协定：全球应对气候变化的里程碑》，中国经济出版社。

张立文，2006，《和合学（上下卷）》，中国人民大学出版社。

张丽君，2007，《绿色和平主义的和平政治思想述评》，《华东师范大学学报》（哲学社会科学版）第 5 期。

张伟鹏、余潇枫，2019，《促进中国—北欧次区域合作：机制化路径》，《国际问题研究》第 1 期。

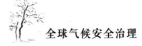

张文木，2016，《21世纪气候变化与中国国家安全》，《太平洋学报》第12期。

张祥浩，2001，《保合太和乃利贞——〈周易〉的和合思想》，《东南大学学报》（哲学社会科学版）第3期。

张雅欣、罗荟霖、王灿，2021，《碳中和行动的国际趋势分析》，《气候变化进展研究》第1期。

张永生、巢清尘、陈迎、张建宇、王谋、张莹、禹湘，2021，《中国碳中和：引领全球气候治理和绿色转型》，《国际经济评论》第3期。

章雅荻、余潇枫，2020，《国际移民视阈下移民动因理论再建构》，《国际观察》第1期。

赵汀阳，2016a，《天下的当代性：世界秩序的实践与想象》，中信出版社。

赵汀阳，2016b，《惠此中国：作为一个神性概念的中国》，中信出版社。

赵汀阳，2018，《天下究竟是什么？——兼回应塞尔瓦托·巴博纳斯的"美式天下"》，《西南民族大学学报》（人文社会科学版）第1期。

赵行姝，2015，《气候变化与美国国家安全：美国官方的认知及其影响》，《国际安全研究》第5期。

赵远良、主父笑飞，2011，《非传统安全与中国外交新战略》，中国社会科学出版社。

周剑、何建坤、张希良，2009，《全球金融危机对全球应对气候变化进程的影响》，《国际金融研究》第9期。

周茂荣，2016，《中国落实〈巴黎协定〉的机遇、挑战与对策》，《环境经济研究》第 2 期。

周逸江，2021，《安全化理论与国际组织角色分析——基于联合国安理会框架下的气候变化安全化进程》，《国际关系研究》第 4 期。

朱锋，2004，《非传统安全"解析"》，《中国社会科学》第 4 期。

朱杰进，2007，《国际制度缘何重要——三大流派比较研究》，《外交评论》第 2 期。

朱其永，2010，《"天下主义"的困境及其近代遭遇》，《学术月刊》第 1 期。

朱文奇、李强，1998，《国际条约法》，武汉大学出版社。

庄贵阳，2008，《后京都时代国际气候治理与中国的战略选择》，《世界经济与政治》第 8 期。

左凤荣，2021，《习近平的新安全观论述及其实践研究》，《理论视野》第 4 期。

Abbott, K. W. 2012. "The Transnational Regime Complex for Climate Change." *Environment and Planning C: Government and Policy* 30.

Abel, G. J., M. Brottrager, J. C. Cuaresma, and R. Muttarak. 2019. "Climate, Conflict and Forced Migration." *Global Environmental Change* 54.

Acharya, A. 2016. *Why Govern?—Rethinking Demand and Progress in Global Governance* (Cambridge: Cambridge University Press).

Adams, C. , J. Barnett, T. Ide, and A. Detges. 2018. "Sampling Bias in Climate-conflict Research. "*Nature Climate Change* 8.

Allan, C. , J. Xia, and C. Pahl-Wostl. 2013. "Climate Change and Water Security: Challenges for Adaptive Water Management. " *Current Opinion in Environmental Sustainability* 5.

Anton, D. K. 2018. "Climate Migration and Security: Securitisation as a Strategy in Climate Change Politics. "*International Journal of Refugee Law* 30.

Axelord, R. 1984. *The Evolotion of Cooperation* (New York: Basic Books).

Balzacq, T. 2005. "The Three Faces of Securitization: Political Agency, Audience and Context. "*European Journal of International Relations* 11.

Balzacq, T. 2011. *Securitization Theory: How Security Problems Emerge and Dissolve* (London: Routledge).

Benjaminsen, T. 2008. "Does Supply-induced Scarcity Drive Violent Conflicts in the African Sahel? The Case of the Tuareg Rebellion in Northern Mali. "*Journal of Peace Research* 45.

Bigo, D. 2001. "The Möbius Ribbon of Internal and External Security (ies). "*Identities, Borders, Orders: Rethinking International Relations Theory* 12.

Booth, K. 2007. *Theory of World Security* (Cambridge: Cambridge University Press).

Bratspies, R. M. 2015. "Do We Need a Human Right to a Healthy Environment?" *Santa Clara Journal of International Law* 13.

Brauch, H. G. 2009. "Securitizing Global Environmental Change." *Facing Global Environmental Change* 4.

Brierly, J. L. 1958. "The Basis of Obligation in International Law and Other Papers." *American Journal of International Law* 52.

Brown, O. , A. Hammill, and R. McLeman. 2007. " Climate Change As the' New' Security Threat: Implications for Africa." *International Affairs* 83.

Brzoska, M. 2009. "The Securitization of Climate Change and the Power of Conceptions of Security." *Security and Peace* 27.

Burke, M. B. , E. Miguel, S. Satyanath, J. A. Dykema, and D. B. Lobell. 2009. "Warming Increases the Risk of Civil War in Africa." *Proceedings of the National Academy of Sciences* 106.

Buzan, B. and L. Hansen. 2012. *The Evolution of International Security Studies* (Cambridge: Cambridge University Press).

Buzan, B. , O. Waver, and J. D. Wilde. 1997. *Security: A New Framework for Analysis* (Boulder, CO: Lynne Rienner Publishers).

Carvalho, A. and J. Burgess. 2005. "Cultural Circuits of Climate Change in U. K. Broadsheet Newspapers, 1985−2003." *Risk*

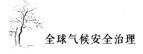
Analysis 25.

Cassese, A. 2005. *International Law* (New York: Oxford University Press).

Chao, Q. C. and Feng A. Q. 2018. "Scientific Basis of Climate Change and Its Response. "*Global Energy Interconnection* 4.

Charnovitz, S. 2006. "Nongovernmental Organizations and International Law. "*American Journal of International Law* 100.

Châtel, F. 2014. "The Role of Drought and Climate Change in the Syrian Uprising: Untangling the Triggers of the Revolution. "*Middle Eastern Studies* 50.

Chesterman, S. 2008. "An International Rule of Law?"*American Journal of Comparative Law* 56.

Commission on Global Governance. 1995. *Our Global Neighbourhood: The Report of the Commission on Global Governace* (Oxford: Oxford University Press).

Conca, K. 2019. "Is There a Role for the UN Security Coucil on Climate Change?"*Environment: Science and Policy for Sustainable Development* 61.

Corneloup, Inés de Águeda and Arthur, P. J. Mol. 2014. "Small Island Developing States and International Climate Change Negotiations: The Power of Moral' Leadership'. "*International Environmental Agreements: Politics, Law and Economics* 14.

Cornforth, R. J. 2013. "West African Monsoon 2012. "*Weather* 68.

Cousins, S. 2013. "UN Security Council: Playing a Role in the International Climate Change Regime?" *Peace, Security & Global Change* 25.

Cudworth, E. and S. Hobden. 2013. "Complexity, Ecologism and Posthuman Politics. "*Review of International Studies* 39.

Dellmuth, L. M. , M. T. Gustafsson, N. Bremberg, and M. Mobjörk. 2018. "Intergovernmental Organizations and Climate Security: Advancing the Research Agenda. "*Wiley Interdisciplinary Reviews Climate Change* 9.

Detraz, N. 2011. "Threats or Vulnerabilities? Assessing the Link Between Climate Change and Security. "*Global Environmental Politics* 11.

Detraz, N. and M. M. Betsill. 2009. "Climate Change and Environmental Security: For Whom the Discourse Shifts. "*International Studies Perspectives* 10.

Devlin, C. and C. S. Hendrix. 2014. "Trends and Triggers Redux: Climate Change, Rainfall, and Interstate Conflict. "*Political Geography* 43.

Eboli, F. and M. Davide. 2012. "The EU and Kyoto Protocol: Achievements and Future Challenges. " *Review of Environment, Energy and Economics* 3.

Eckersley, R. 2007. "Ecological Intervention: Prospects and Limits. "*Ethics & International Affairs* 21.

Elliott, L. 2003. "Imaginative Adaptations: A Possible Environ-

mental Role for the UN Security Council. " *Contemporary Security Policy* 24.

Floyd, R. 2013. "Analyst, Theory, and Security: A New Framework for Understanding Environmental Security Studies. " in R. Floyd and R. A. Matthew (eds.), *Environmental Security Approaches and Issues* (New York: Routledge).

Floyd, R. 2015. "Global Climate Security Governance: A Case of Institutional and Ideational Fragmentations. " *Conflict, Security and Development* 15.

Foster, G. D. 2001. " Environmental Security: The Search for Strategic Legitimacy. " *Armed Forces & Society* 27.

Galgano, F. 2007. " A Geographical Analysis of Un-governed Spaces. " *The Pennsylvania Geographer* 44.

Galgano, F. 2013. "Disaster and Conflict: The Ogaden War of 1977. " *Pennsylvania Geographer* 51.

Galgano, F. 2019. *The Environment-conflict Nexus: Climate Change and the Emergent National Security Landscape* (Berlin: Springer Press).

Gao, Qinghai and Yu Xiaofeng. 2001. "' Species Philosophy' and the Modernization of Man. " *Social Sciences in China* 1.

Gartzke, E. and T. Böhmelt. 2015. "Climate and Conflict: Whence the Weather?" *Peace Economics, Peace Science and Public Policy* 21.

Gleick, P. H. 1989. "The Implications of Global Climatic Changes for International Security. "*Climatic Change* 15.

Grubb, M. , C. Vrolijk, and D. Brack. 1999. *The Kyoto Protocol: A Guide and Assessment* (Brookings Inst Pr).

Gueldry, M. 2010. "Security and the Environment: Securitisation Theory and US Environmental Security Policy. " *Environmental Politics* 21.

Guzman, A. T. 2008. "Reputation and International Law. " *The Georgia Journal of International and Comparative Law* 34.

Haines, F. and N. Reichman. 2008. "The Problem That is Global Warming: Introduction. "*Law & Policy* 30.

Hamblin, J. D. 2013. *Arming Mother Nature: The Birth of Catastrophic Environmentalism* (New York: Oxford University Press).

Hanjraa, M. A. and M. E. Qureshi. 2010. "Global Water Crisis and Future Food Security in an Era of Climate Change. "*Food Policy* 35.

Hartmann, B. 2010. "Rethinking Climate Refugees and Climate Conflict: Rhetoric, Reality and the Politics of Policy Didcourse. "*Journal of International Development* 22.

Hausler, K. and R. McCorquodale. 2011. "Climate Change and Its Impact on Security and Survival. "*Commonwealth Law Bulletin* 37.

Hayward, T. 2005. *Constitutional Environmental Rights* (Oxford: Oxford University Press).

Headey, D. and S. Fan. 2013. "Reflections on the Global Food

Crisis: How Did It Happen? How Has It Hurt? And How Can We Prevent the Next One?" *The Journal of Peasant Studies* 40.

Heras, B. P. 2020. "Climate Security in the European Union's Foreign Policy: Addressing the Responsibility to Prepare for Conflict Prevention. " *Journal of Contemporary European Studies* 28.

He, Xiangbai. 2018. "Legal and Policy Pathways of Climate Change Adaptation: Comparative Analysis of the Adaptation Practices in the United States, Australia and China. "*Transnational Environmental Law* 7.

Homer-Dixon, T. F. 2001. *Environment, Scarcity, and Violence* (Princeton: Princeton University Press).

Hommel, D. and A. B. Murphy. 2013. "Rethinking Geopolitics in an Era of Climate Change. "*Geojournal* 78.

Houghton, J. T. , G. J. Jenkins, and J. J. Ephraums. 1990. *Climate Change: The IPCC Scientific Assessment* (New York: Cambridge University Press).

Hsiang, S. M. , K. C. Meng, and M. A. Cane. 2011. "Civil Conflicts Are Associated with Global Climate. "*Nature* 476.

Humphreys, S. 2010. *Human Rights and Climate Change* (Cambridge: Cambridge University Press).

IPCC. 2007. *Climate Change 2014: Synthesis Report Summary for Policymakers* (New York: Cambridge University Press).

Kangalawe, R. 2012. "Food Security and Health in the Southern Highlands of Tanzania: A Multidisciplinary Approach to Evaluate the Impact of Climate Change and Other Stress Factors. "*African Journal of Environmental Science and Technology* 6.

Kaplan, R. D. 2002. *The Coming Anarchy: Shattering the Dreams of the Post Cold War*(Random House USA Paperbacks).

Karlsson, C. , M. Hjerpe, C. Parker, and B. Linner. 2012. "The Legitimacy of Leadership in International Climate Change Negotiations. "*A Journal of Environment and Society* 41.

Karyotis, G. 2012. "Securitization of Migration in Greece: Process, Motives and Implications. "*International Political Sociology* 6.

Knox, J. II. 2018. "The Paris Agreement As a Human Rights Treaty. "in Dapo Akande, Jaakko Kuosmanen, Helen McDermott, and Dominic Roser(eds.), *Human Rights and 21st Century Challenges: Poverty, Conflict, and the Environment* (Oxford: Oxford University Press).

Krakowka, A. 2011. "The Environment and Regional Security: A Framework for Analysis. "in F. A. Galgano and E. J. Palka (eds.), *Modern Military Geography*(New York: Routledge).

Kysar, D. A. 2011. "What Climate Change Can Do about Tort Law. "*Environmental Law* 41.

Lee, J. R. 2009. *Climate Change and Armed Conflict: Hot and*

Cold Wars(London: Routledge).

Liberatore, A. 2013. "Climate Change, Security and Peace: The Role of the European Union. "*Review of European Studies* 5.

Limon, M. 2009. "Human Rights and Climate Change: Constructing a Case for Political Action. " *Harvard Environmental Law Review* 33.

Lindzen, Richard S. 1990. "Some Coolness Concerning Global Warming, " *Bulletin of the American Meteorological Society* 71.

Link, P. M. and J. Scheffran. 2016. "Conflict and Cooperation in the Water-security Nexus: A Global Comparative Analysis of River Basins under Climate Change. "*Wiley Interdisciplinary Reviews: Water* 3.

Louka, E. 2006. *International Environmental Law: Fairness, Effectiveness, and World Order*(London: Cambridge University Press).

Loy, F. E. 2001. "The United States Policy on the Kyoto Protocol and Climate Change. "*Natural Resources & Environment* 15.

Lyster, R. 2016. *Climate Justice and Disaster Law* (Cambridge: Cambridge University Press).

Macekura, S. 2015. *The Rise of International Conservation and Postwar Development*(Cambridge: Cambridge University Press).

Mach, K. J. , et al. 2019. "Climate as a Risk Factor for Armed Conflict. "*Nature* 571.

Maertens, L. 2019. "From Blue to Green? Environmentalization and Securitization in UN Peacekeeping Practices."*International Peacekeeping* 26.

Mathews, J. T. 1989. "Redefining Security."*Foreign Affairs* 68.

McAdam, J. 2012. *Climate Change, Forced Migration and International Law*(Oxford: Oxford University Press).

McDonald, M. 2013. "Discourses of Climate Security."*Political Geography* 33.

McDonald, M. 2018. "Climate Change and Security: Towards Ecological Security?"*International Theory* 10.

Moran, D. 2011. *Climate Change and National Security: A Country-level Analysis*(Georgetown: Georgetown University Press).

Nick, M. 2008. *Delivering Climate Security: International Security Responses to a Climate Changed World*(London: Routledge).

Nixon, R. M. 1971. "Special Message to the Congress about Reorganization Plans to Establish the Environmental Protection Agency and the National Oceanic and Atmospheric Administration."in R. M. Nixon (ed.), *Public Papers of the Presidents of the United States*(Washington DC: Office of the Federal Register National Archives and Records Administration).

O'Brien, K. L. , L. Karen, and R. M. Leichenko. 2000. "Double Exposure: Assessing the Impacts of Climate Change within the Context of Economic Globalization."*Global Environmen-*

tal Change 10.

Okonkwo, T. 2017. "Protecting the Environment and People from Climate Change Through Climate Change Litigation." *Journal of Politics and Law* 10.

Paris, R. 2004. "Still and Instruatable Concept." *Security Dialogue* 35.

Parsons, Rymn J. 2010. "Climate Change: The Hottest Issue in Security Studies?" *Risk, Hazards & Crisis in Public Policy* 1.

Peel, J. and H. M. Osofsky. 2013. "Climate Change Litigation's Regulatory Pathways: A Comparative Analysis of the United States and Australia." *Law & Policy* 35.

Percival, V. and T. Homer-Dixon. 1996. "Environmental Scarcity and Violent Conflict: The Case of Rwanda." *The Journal of Environment and Development* 5.

Powell, N., R. K. Larsen, A. D. Bruin, S. Powell, and C. Elrick-Barr. 2017. "Water Security in Times of Climate Change and Intractability: Reconciling Conflict by Transforming Security Concerns into Equity Concerns." *Water* 9.

Price, S. 2007. *Discourse Power Address: The Politics of Public Communication* (London: Routledge).

Rothe, D. 2017. *Securitizing Global Warming: A Climate of Complexity* (London: Routledge).

Savaresi, A. 2016. "The Paris Agreement: A New Beginning?" *Journal of Energy & Natural Resources Law* 34.

Schäfer, M. S. , J. Scheffran, and L. Penniket. 2016. "Securitization of Media Reporting on Climate Change? A Cross-national Analysis in Nine Countries. "*Security Dialogue* 47.

Schwartz, P. and D. Randall. 2003. *An Abrupt Climate Change Scenario and Its Implications for United States National Security* (Washington DC: Global Business Network).

Scott, S. V. and C. Ku. 2018. *Climate Change and the UN Security Council* (MA: Edward Elgar Publishing).

Selby, J. , O. S. Dahi, C. Fröhlich, and M. Hulme. 2017. "Climate Change and the Syrian Civil War Revisited. "*Political Geography* 60.

Seter, H. 2016. "Connecting Climate Variability and Conflict: Implications for Empirical Testing. "*Political Geography* 53.

Shelton, D. 2010. "Developing Substantive Environmental Rights. " *Journal of Human Rights Environmental* 1.

Simmons, B. A. 2014. "International Law and State Behavior: Commitment and Compliance in International Monetary Affairs. "*American Political Science Review* 94.

Sindico, F. 2007. "Climate Change: A Security (Council) Issue. " *Carbon and Climate Law Review* 1.

Smith, D. and J. Vivekananda. 2009. *Climate Change, Conflict, and Fragility* (London: International Alert).

Solow, A. R. 2011. "Climate for Conflict. "*Nature* 476.

Stern, N. 2007. *The Economics of Climate Change: The Stern Re-*

view (Cambridge: Cambridge University Press).

Stritzel, H. 2007. "Towards a Theory of Securitization: Copenhagen and Beyond. " *European Journal of International Relations* 13.

Trombetta, M. J. 2008. " Environmental Security and Climate Change: Analysing the Discourse. " *Cambridge Review of International Affairs* 21.

Trombetta, M. J. 2012. "Climate Change and the Environmental Conflict Discourse. " in J. Scheffran, M. Brzoska, H. G. Brauch, P. M. Link, and J. Schilling(eds.), *Climate Change, Human Security and Violent Conflict* (Heidelberg: Routledge).

Ullman, Richard. 1983. "Redefining Security. " *International Security* 8.

UNDP. 1994. *Human Development Report 1994: New Dimensions of Human Security* (New York: Oxford University Press).

United States Development Programme. 1994. *Human Development Report* 1994(Oxford: Oxford University Press).

Vanderheiden, S. 2009. *Atmospheric Justice: A Political Theory of Climate Change* (Oxford: Oxford University Press).

Vanhala, L. 2013. "The Comparative Politics of Courts and Climate Change. " *Environmental Politics* 22.

Vanhala, L. and C. Hestbaek. 2016. " Framing Climate Change Loss and Damage in UNFCCC Negotiations. " *Global Environmental Politics* 16.

Warner, J. and I. Boas. 2019. "Securitization of Climate Change: How Invoking Global Dangers for Instrumental Ends Can Backfire. " *Environment and Planning C: Politics and Space* 37.

Watts, K. A. and A. J. Wildermuth. 2008. "Massachusetts v. EPA: Breaking New Ground on Issues Other Than Global Warming. " *Northwestern University Law Review* 102.

Waver, O. 2000. "The EU as a Security Actor: Reflections from a Pessimistic Constructivist on Postsovereign Security Orders. "in M. Kelstrup and M. C. Williams (eds.). *International Relations Theory and the Politics of European Integration* (London: Routledge).

Waver, O. 2011. "Politics, Security, Theory. " *Security Dialogue* 42.

Weaver, R. H. and D. A. Kysar. 2017. "Courting Disaster: Climate Change and the Adjudication of Catastrophe. " *Notre Dame Law Review* 93.

Wolfers, A. 1952. "National Security as an Ambiguous Symbol. " *Political Science Quarterly* 67.

图书在版编目（CIP）数据

全球气候安全治理：演进、困境与中国方案／王菲
著．--北京：社会科学文献出版社，2024.9.--ISBN
978-7-5228-4136-6

Ⅰ.P467

中国国家版本馆 CIP 数据核字第 2024MQ5019 号

全球气候安全治理
——演进、困境与中国方案

著　　者／王　菲

出 版 人／冀祥德
责任编辑／韩莹莹
责任印制／王京美

出　　　版／社会科学文献出版社·人文分社（010）59367215
　　　　　　地址：北京市北三环中路甲 29 号院华龙大厦　邮编：100029
　　　　　　网址：www.ssap.com.cn
发　　　行／社会科学文献出版社（010）59367028
印　　　装／三河市东方印刷有限公司

规　　　格／开　本：889mm×1194mm　1/32
　　　　　　印　张：6.25　字　数：125 千字
版　　　次／2024 年 9 月第 1 版　2024 年 9 月第 1 次印刷
书　　　号／ISBN 978-7-5228-4136-6
定　　　价／89.00 元

读者服务电话：4008918866